PSYCHOLOGICAL SERVICE MANUAL FOR TECHNICAL PERSONNEL

技术人员心理服务手册

黄宏强◎主　编
张　杰◎副主编

时事出版社
北京

图书在版编目（CIP）数据

技术人员心理服务手册/黄宏强主编．—北京：时事出版社，2021.1
ISBN 978-7-5195-0403-8

Ⅰ.①技…　Ⅱ.①黄…　Ⅲ.①专业技术人员—心理健康—手册
Ⅳ.①G316-62

中国版本图书馆 CIP 数据核字（2020）第 261862 号

出版发行：时事出版社
地　　址：北京市海淀区万寿寺甲 2 号
邮　　编：100081
发行热线：（010）88547590　88547591
读者服务部：（010）88547595
传　　真：（010）88547592
电子邮箱：shishichubanshe@sina.com
网　　址：www.shishishe.com
印　　刷：北京朝阳印刷厂有限责任公司

开本：787×1092　1/16　印张：14.5　字数：220 千字
2021 年 1 月第 1 版　2021 年 1 月第 1 次印刷
定价：70.00 元
（如有印装质量问题，请与本社发行部联系调换）

目录

contents

—— 第一部分 ——

心理知识问答

认知是心理的起点，知识是能力的基础。关注心理健康问题、保持良好的心理状态，离不开对相关心理知识的学习。在本部分中，笔者通过问答的形式，介绍心理健康的一些入门知识。通过对本部分内容的学习，读者可以了解什么是心理健康、如何看待心理问题、出现心理问题如何求助等知识，为进一步学习心理相关内容、维护健康心理奠定基础。

一、什么是健康

什么是健康？大部分人会说身体强壮不生病就是健康，其实这样的健康观念是片面的。现代的健康概念早已超出人们的传统认识，它不仅指生理上的健康，还包括心理和社会适应等方面的完好状态。1948 年世界卫生组织成立时，在宪章中就把健康定义为："健康乃是一种生理、心理和社会适应都臻完满的状态，而不仅仅是没有疾病和虚弱的状态。"① 可见，心理健康是完整健康概念的组成部分，人们不仅应关心自己的躯体健康，还应关注自己的心理健康以及自己与社会相融合的程度。科学研究已经发

① 参见杨洪训：《军人心理健康与调适》，《华北国防医药》2002 年第 1 期，第 59—61 页。

现，在许多疾病的发生、发展和演变过程中，心理因素扮演了重要角色，这类疾病被统称为心身疾病。因此，现代医学模式已由生物医学模式发展为生物—心理—社会医学模式，而且随着社会的发展，心理因素所起的作用越来越重要。

二、什么是心理

心理是心理活动、心理现象的简称，是和“物质”相对应的“精神”的东西，是感觉、知觉、记忆、思维、想象、注意、情绪、情感、意志、需要、动机、兴趣、爱好、理想、信念、世界观、能力、气质、性格、自我意识等心理现象的总称。

人的心理是动物心理发展到最高阶段的产物，是在人的社会生产劳动实践中形成的。人的心理的产生，是人脑对客观现实的反映，客观现实是心理的源泉。人的心理、意识是宇宙间最复杂的现象之一，恩格斯誉之为“地球上最美丽的花朵”。①

【心理知识加油站】

科学心理学的研究已经证明，心理是人脑的功能。控制我们心理和行为的中枢是我们的大脑。但为什么心理学不叫脑理学，而叫“心”理学呢？而且无论中外，古人几乎都将心脏视为思维和情感的器官。以中国为例，几乎所有与思维或情感相关的字或词，比如想、思、念、恋、情、感等，都要带个竖心旁或心字底。在英语中也有很多 warm-hearted person 等类似的表述，意即热心肠的人。对此，心理学家做出很多解释。其中一种观点就认为，人类特定的情绪往往与特定的生理反应相关联。比如发怒之时，常常会心跳加快、血压升高，并伴随着头部充血。这一系列生理反应主要是通过血液中激素的变化来控制的，从而使得人的情感反应和心脏建立了间接的联系。古人不解其中的道

① 参见朱青军：《人类意识的特性》，《哲学研究》1983 年第 7 期，第 14—20 页。

理，误以为心脏是情感和思维的器官，“脑”理学由此变成“心”理学。

三、什么是心理学

心理学一词源于古希腊语，意即“灵魂之科学”。在汉语中，我们习惯于把思想和感情叫做“心”，把条理和规则叫做“理”。心理就是心思、思想、感情的总称，而心理学则是关于心思、思想、感情等规律的学问。也就是说，心理学是研究人的心理活动及其发生、发展规律的科学。[①] 心理学与我们的生活密切相关。

心理学是一门既古老又年轻的学科。说它古老，是指人类探索自己的心理现象已有两千多年的历史；说它年轻，是指心理学最初包含在哲学中，并不是一门独立的学科，直到19世纪70年代末才从哲学中分离出来，成为一门独立的专门研究人的心理现象的学科。心理学尽管年轻，但科学的心理学有着巨大的生命力。当前，心理学已越来越广泛地应用于人们生活实践的各个领域。

四、什么是心理正常和心理异常

判断一个人心理活动正常与否并无公认的统一标准，但在实际的心理咨询工作中将其区分开来的难度并不大。一般有两种区分方法，一是常识性的区分方法，二是心理学标准的区分方法。

常识性的区分依据日常的生活经验，可以归纳为以下四点：

1. 离奇怪异的言谈、思想和行为。即言谈、思想和行为严重超出正常的范围，让人不可理解；

2. 过度的情绪体验和表现。喜怒哀乐都是生活的常态，但如果这种情绪的体验和表现过于激烈，超出正常范围，我们就可以根据日常经验去判

---

① 参见彭聃龄：《普通心理学》，北京师范大学出版社2011年版，第1页。

断这种心理状态偏离了正常；

3. 自身社会功能不完整，无法正常地工作、生活、人际交往等；

4. 影响他人正常生活。

上述四点依据日常生活经验的区分标准虽然不太科学，但已经能够满足非专业人员区分正常和异常心理的大部分需要了。下面，我们来重点看看心理学标准的区分方法。① 心理学标准的区分有三条原则：

1. 主观世界与客观世界相统一。心理是客观世界的反映，所以正常状态的心理活动应该与客观世界保持基本一致。心理活动严重偏离客观现实即是心理异常的表现。幻觉、妄想就是心理活动背离客观现实的极端表现。在临床上，常把有无“自知力”作为判断心理正常与否的标准，体现的也是心理活动主客观一致的原则。“自知力”的丧失意味着个体的主观心理活动已经与客观世界和“现实自我”脱节。

2. 心理活动的协调一致性原则。一个人的心理过程可以分为认知、情感、意志三个部分。② 正常的心理活动中知情意行是一个完整的统一体，相互之间是协调一致的。例如，一个人在工作中取得一些成绩，他在认知上会认为这是一件好事，自我评价会提高，进而在情感上会自然地产生高兴、愉悦、对未来充满信心等情绪。行为上，他会更加努力地工作以取得更大的成绩，这就体现了正常心理活动的协调一致性原则。反之，一个人遇到悲伤的事，却有喜悦的情绪，或意志完全不能控制自己的行为，都是心理活动失去一致性，出现异常的表现。

3. 人格的相对稳定性原则。人格特质具有相对稳定性，因此一般情况下，短时间内不会发生大的变化。在没有明显外因的情况下，如果一个人的某个或某些人格特质发生了明显的改变，就应该考虑他的心理活动是否出现了异常。

---

① 参见郭念锋：《国家职业资格培训教程·心理咨询师（基础知识）》，民族出版社 2015 年版，第 301—302 页。

② 参见张哲：《论内化的心理机制及其对思想政治教育的启示》，《求是》2006 年第 4 期，第 215—216 页。

五、什么是心理健康和心理不健康

在正常心理的范围内，心理状况又可分为心理健康和心理不健康两类。

关于什么是心理健康，国际心理卫生大会曾下过一个定义，认定了心理健康的四条标准，包括：身体、智力、情绪十分协调；人际关系中能彼此谦让；适应环境，有幸福感；在工作和职业中能发挥自己的能力，过有效率的生活。[①] 该定义描述了人们对于一般状态下心理健康的理解。

在心理咨询中，心理健康的概念往往是与不健康的心理状态相比较而得出的，它更加强调定义的鉴别意义。“来访者的这种状态健康吗？”这是咨询师经常面对的问题。因此，本书采用国家心理咨询师资格培训统编教材中的定义，“心理健康是指各类心理活动正常、关系协调、内容与现实协调一致和人格处在相对稳定的状态，是一种动态平衡的心理过程”。[②]

心理健康是一个动态的概念，是与特定的环境和目标相联系的。比如在一个环境里适应良好的人，换一个类似环境却出现适应困难的现象。因此，很难用一个静态的、单一的标准去衡量其心理是否健康。一般情况下，对自身心理健康的判断可以从三个方面去考虑。首先是主观感受。有愉悦感和幸福感，能够自我接纳，是健康心理的必备条件。一个终日生活在痛苦中的人，无论别人认为他是多么成功和优秀，他的心理都是不健康的。其次是能够基本适应当前的环境。当环境发生变化时，能够做出相应的调整。再次是高效率的生活。人生应该寻求意义和价值。因此，目标和效率也是健康心理应该具备的。当然，效率和目标并无单一的标准，它们由主观意愿和客观环境共同决定。

明确了心理健康的概念，理解心理不健康就变得简单了。首先，心理

---

① 参见郭贵云：《心理健康的标准是什么》，《安徽体育科技》1992 年第 1 期，第 43 页。

② 参见郭念锋：《国家职业资格培训教程·心理咨询师（基础知识）》，民族出版社 2015 年版，第 326 页。

不健康是在心理正常的范围内；其次，心理不健康是一种心理失衡状态，这种失衡状态可能源于个体内部也可能源于外部环境。

需要指出的是，人的心理是一个不断发展变化的过程。一方面，健康与不健康是相对的，在世界上并不存在绝对的心理健康。所以，人生应该是一个不断发展的过程，这一过程包括个体心理的成长和成熟。另一方面，心理健康不是无失败、无痛苦、无冲突，甚至可以说，没有失败、痛苦和冲突，就没有心理的成长，就不会有真正的心理健康。面对这些打击，能做出有效的自我调整，积极应对，从而促进自身的发展，才是心理健康的真正含义。

六、什么是心身疾病

心身疾病或称心理生理疾患，是介于躯体疾病与神经症之间的一类疾病。[①] 狭义的心身疾病是指心理社会因素在发病、发展过程中起重要作用的躯体器质性疾病，例如原发性高血压、溃疡病。而心理社会因素在发病、发展过程中起重要作用的躯体功能性障碍，则被称为心身障碍，例如神经性呕吐、偏头痛。广义的心身疾病包括狭义的心身疾病和狭义的心身障碍。

有学者提出七种经典的心身疾病是：十二指肠溃疡、溃疡性结肠炎、甲状腺功能亢进、神经性皮炎、类风湿性关节炎、原发性高血压及支气管哮喘；也有学者认为这些疾病与特定的心理冲突有关；另有学者认为冲突是非特异性的，而人格类型则有重要发病意义。现在学术界普遍认为，心理社会因素在各种疾病发生中均有作用。

心身疾病分布于各个系统，种类甚多，主要发病于受植物神经支配的系统与器官。关于心身疾病的发病率，由于界定的范围不同，报道数据差异甚大：国外调查显示，普通人群中发病率为10%—60%；国内的门诊与

① 参见徐斌、徐又佳：《身心疾病：生理心理障碍》，《人民卫生出版社》2009年版，第15页。

住院调查显示，发病率在1/3左右。

【心理小故事】

● 心病还须心药医

情境一：小婧是刚从地方毕业到某局的年轻技术干部，工作环境的紧迫与学校环境的自由宽松差异很大，她很想把事情做好，内心越来越着急，额头上的小痘痘一个劲地往外冒，试过一些祛痘的化妆品，效果都不好。心理咨询师说，她需要调整的不是皮肤，而是心态。

情境二：佳美是个比较内向的人，遇事总装在心里，不太喜欢和别人沟通交流。两个月前，她失恋了，刚开始很愤怒，但慢慢地，这种愤怒便向内转化，矛头直指自己，她越来越不开心，越来越抑郁。一个多月后，佳美觉得胃很不舒服，时常隐隐作痛，饭也渐渐吃不下了。到医院一检查，医生说她的胃有点溃疡，吃点药就能好。回来后，佳美天天坚持吃药，胃确实好多了，可是一停药，胃又开始疼起来，再去看，医生也无能为力。后来一个偶然的机会，佳美遇到一个心理咨询师，在咨询师的帮助下，她解开了心结，胃病也没再犯过。

七、什么是工作疲劳，怎样消除工作疲劳

工作疲劳是因工作时间过长、工作强度过大而在生理和心理上产生的劳累感，工作疲劳会导致工作效率下降。工作疲劳最明显的表现是腰酸背痛、肌肉痉挛、眼球发胀发疼、打瞌睡等。表现在心理上，就是感觉器官活动的机能降低、注意力涣散、思维迟钝、情绪烦躁、易怒、忧郁等。工作疲劳是大脑的一种保护性抑制，它使大脑活动的机能降低。长期过度的疲劳可能造成神经衰弱，但一般的工作疲劳经过适当休息即可消除。要消除工作疲劳，可尝试采用以下方法：

1. 科学用脑、劳逸结合。大脑有左右两个半球，两个半球的主要功能不同，左半球主要与抽象的智力活动如数学计算、语言分析等逻辑思维活动有关；右半球则主要与音乐、色彩、图形、空间想象等形象化的思维活

动有关。为了克服疲劳，就要使大脑左右两个半球交替使用，让需要高度抽象思维的活动与音乐、艺术等活动交替进行，把脑力劳动与体力劳动、文娱体育活动结合起来，这样有利于消除疲劳。同时，还应注意适当休息，保证充足的睡眠。

2. 顺应生物钟的节律。按照人体生物活动的规律，上午 7 时到上午 10 时机体的生物机能处于上升的状态，10 时左右精力最充沛，是学习与工作的最佳时机，此后逐渐下降，至下午 5 时后又再度上升，到晚上 9 时达到最佳状态。因此，学习时间的安排应顺应人体生物钟的节律变化。但这一变化规律会因地区与个人而有所不同，应根据自己身体机能的规律合理安排作息时间。

3. 树立远大的理想抱负。在整个工作或学习过程中，为了实现目标而保持坚强的意志，有始有终、锲而不舍、百折不挠、坚持到底、克服意志上的软弱和动摇是保证获得成功的重要心理品质。

八、什么是心理疲劳，怎样消除心理疲劳

与连续工作而致使肌体能量消耗的生理疲劳不同，心理疲劳是指人长期从事一些单调、机械的工作，伴随着肌体生理方面的变化，局部中枢神经细胞因持续紧张而出现抑制，致使人对工作、生活的热情和兴趣明显降低，直至产生厌倦情绪的现象。[①] 心理疲劳常常带有主观体验的性质，并不完全是客观生理指标变化的反映。对于产生心理疲劳的人，轻者出现厌恶、逃避工作和生活的症状；重者还可出现抑郁症、神经衰弱、强迫行为以及诸如开始吸烟、酗酒等生活习惯改变的现象。

产生心理疲劳的另一个主要原因是精神紧张和工作过量。现代生活节奏的加快及高度的竞争性，使很多人尤其是年轻人害怕在竞争中失败，导致心理的紧张与疲劳。此外，繁杂的信息轰炸、住房拥挤、噪音、工作条

① 参见扬眉：《心理症状分析与自我调适》，《中国青年科技》2005 年第 11 期，第 20—24 页。

件恶劣、疾病、家庭不和、人际关系紧张、事业遭到挫折等，也是诱发心理疲劳的重要因素。

要消除心理疲劳，人对自我要有一个客观正确的估计和要求，不能对自己要求过高过急，凡事要讲求一个度，根本办不到的事不要硬拼蛮干，避免长期超负荷运转。

若心理疲劳是因工作过于单调机械所致，这说明自己主观认为所从事的工作并未把自己的价值和潜能充分发挥出来，使得自己产生了厌烦的心理，在工作环境无法改变的情况下，最好的方法就是调整自己的心态。

对于心理上的疲劳，个人还可以根据自己的性格和爱好，通过各种活动来充实自己的业余生活，例如散步、看电影、聊天、读书等，从而避免因从事的工作过于单一而产生单调、消极的心境。

此外，人一旦陷入心理疲劳的状态，可通过按压劳宫穴来解除。劳宫穴在手掌正中的凹陷处，通过按压此穴可调节部分植物神经，缓解心理疲劳。

九、什么是抑郁，如何面对抑郁

抑郁指的是以心境低落为主的精神状态，通常表现为不愿与人接触，回避刺激，缺乏快感，典型的表现为情绪障碍、思维缓慢及自我评价降低、精神运动迟缓，常伴有焦虑、无价值感、无助感、绝望感、自杀观念、意志减退及各种躯体症状和生理机能障碍（如失眠等）。[①]

抑郁困扰是一种常见的心理疾患，严重的抑郁症可能使人产生轻生的念头。抑郁困扰的常见症状主要有：

1. 情绪低落。具体表现就是高兴不起来，整日愁眉不展，对别人的说笑反应冷淡；常常唉声叹气，甚至哭泣；对生活的看法很灰暗。

2. 懒。不爱运动，呆坐或卧床的时间变长；浑身发懒，走路缓慢，精

---

① 参见薛海波、张明园：《抑郁症的诊断》，《中华全科医师杂志》2003 年第 3 期，第 169—170 页。

神颓废，严重者可能不吃不动，生活不能自理；自我封闭，不愿意与人交往。如果一个平时很活泼好动的人，忽然变懒了，什么都不想干了，就要警惕是否有心理抑郁的危险。

3. 失眠或嗜睡。抑郁困扰一般伴随着失眠，尤其是早醒。个别人表现为嗜睡，终日昏昏沉沉，但仍感疲乏。

当发现周围的同事或自己出现抑郁状态时，可采用以下方法来应对：

1. 自觉努力学习心理健康知识。通过阅读相关书籍丰富自己的心理学知识，并把知识运用到自己的生活、学习、工作中去。

2. 积极参加各种实践活动。多参加各种社会劳动或社会活动，锻炼自己，提高心理承受能力，增强意志，丰富经验，从而促进心理健康。

3. 增强自我心理调节。自我心理调节包括调整认知结构，完善自我意识，塑造健全人格，学会情绪控制，提高适应能力，掌握自我调节的方法等，如写日记、倾诉、哭泣、宣泄、转移等。

4. 及时寻求心理咨询师的帮助。除了重视自我调节外，还应积极取得家庭、单位和社会的支持，争取亲朋好友的帮助。心理负荷较重，自己不易调节时，应及时寻求心理咨询师的帮助。切记：当你苦恼不堪时，切勿压抑自己的情绪，应尝试向别人表达你的感受。倘若你的情绪比平常低落，而且没有好转的迹象，应向心理咨询师或相关咨询机构寻求援助。

下面介绍了一些常用的小方法，熟练掌握这些方法有助于缓解抑郁。

1. 遵守生活秩序。与人约会要准时到达，饮食休闲要按部就班，从稳定规律的生活中享受生活的乐趣。

2. 留意自己的外观。身体要保持清洁卫生，不穿邋遢的衣服，房间院落也要随时打扫干净。

3. 即使在抑郁状态下，也决不放弃自己的工作。

4. 对人对事要宽容，对自己也应宽容。

5. 主动吸收新知识，“活到老学到老”。

6. 建立挑战意识，学会主动接受矛盾，并相信自己能成功。

7. 即使是小事，也要采取合乎情理的行动；即使心情烦闷，也要特别注意自己的言行，让自己的行为举止合乎情理。

8. 对待他人的态度要因人而异。被抑郁困扰的人，容易对外界所有人持几乎相同的反应和态度，这是不对的，如果你也有这种倾向，应尽快纠正。

9. 拓宽自己的情趣范围。

10. 不要将自己的生活与他人的相比较。如果你时常把自己的生活与他人做比较，说明你已经有了潜在的抑郁，应尽快克服。

11. 最好将日常生活中美好的事记录下来。

12. 不要掩饰自己的失败。

13. 尝试以前没有做过的事，要积极地开辟新的生活园地，使生活更充实。

14. 与精力旺盛又充满希望的人交往。

15. 不要强压怒气。

十、为什么要关注心理健康

随着生活水平的提高和全民保健意识的增强，身体健康的重要性已为大多数人所认同。但与身体健康相比，心理健康还远未受到应有的重视。心理科学的发展已经证明，一个人的心理对自身的身体健康有着直接的影响。早在1747年，有个叫高布（Gaub）的医生就说过，“强壮的身体开始生病或有病的身体恢复健康的原因，经常有赖于心情和精神”。[①] 很多慢性病，诸如高血压、糖尿病等，都与生活压力和生活方式有很大关系。因此，关注身体健康就要关注心理健康。此外，优良的心理品质也是生活幸福和高效率工作的必备条件。

【心理小故事】

一把坚实的大锁挂在大门上，一根铁棍费了九牛二虎之力，还是无法

① 参见王晓妮、张洁、许月季：《两种健康教育方式对患病老干部手术愈后作用的比较》，《心理科学》2003年第2期，第376—378页。

将它撬开。钥匙来了，它瘦小的身子钻进锁孔，只轻轻地一转，大铁锁就“啪”的一声打开了。

一个人的心，有时就像上了锁的大门，任你用再粗的铁棒也撬不开。唯有关怀，才能把自己变成一把细腻的钥匙，打开封闭的心门。

十一、正常人会出现哪些异常心理现象

精神正常并不意味着没有一点心理问题，关键是这些症状的产生背景、持续时间、严重程度以及对个体和环境的不良影响程度。正常人也可能出现短暂的异常现象，但时间短、程度轻，尚不能贴上精神病的标签。

1. 疲劳感。通常有相应的原因，持续时间较短，不伴有明显的睡眠和情绪改变，经过良好的休息和适当的娱乐即可消除。

2. 焦虑反应。焦虑反应是人们适应某种特定环境的一种反应方式。正常的焦虑反应常有其现实原因（现实性焦虑），如面临考试会感到焦虑，但随着事过境迁就会缓解。

3. 强迫现象。许多人特别是做事比较认真的人会反复思考一些连自己都知道的没有必要的事，如是不是得罪了某个人、反复检查门是否锁好了等。如果这种情况整体持续时间不长、不影响生活工作，就属于正常现象。

4. 恐惧和对立。我们站在很高但很安全的地方时仍会出现恐惧感，有时也想到会不会往下跳，甚至于想到跳下去是什么情景。这种想法如果很快得到纠正不再继续思考，就属于正常现象。

5. 疑病现象。很多人将轻微的不适现象看成严重疾病，反复检查，特别是当亲友、邻居、同事因某病英年早逝或意外死亡后，这种情况更容易出现。但经检查排除相关疾病后能接受医生的劝告，就属于正常现象。

6. 偏执和自我牵挂。任何人都有自我牵连的倾向，即假设外界事物特别是对自己有不利影响的事情，对自己影射着某种意义，如走进办公室时，人们停止谈话，这时往往会怀疑人们是在议论自己。这种现象经过片刻的疑虑之后，人一般就会醒悟过来，只要其性质和内容与当时的处境联

系紧密，即属正常情况。

7. 错觉。正常人在光线暗淡、恐惧紧张及期待等心理状态下可出现错觉，但经重复验证后可迅速纠正。成语“草木皆兵”“杯弓蛇影”等均是典型的例子。

8. 幻觉。正常人在迫切期待的情况下，可能会听到“叩门声”“呼唤声”。经过确认后，自己意识到是幻觉现象，医学上称之为心因性幻觉。现代人由于工作繁忙，电话或短信不断，有时手机没响，好像也听到手机在响，这种现象属于身体的正常反应，不能视为病态，但同时也提醒我们要关注自己的身体健康，适度放松一下，不可再持续那样辛苦、忙碌。

9. 自笑、自言自语：有些人在独处时会自言自语甚至边说边笑，但若有客观原因，能选择场合，能自我控制，就属于正常现象。

十二、如何看待心理问题

心理问题是指人们心理上出现的问题，如情绪消沉、心情不好、焦虑、恐惧、人格障碍、变态心理等。

人们如果出现了心理障碍之类的心理问题，应主动到心理咨询机构（如心理咨询室、心理咨询热线、网络咨询等）找心理咨询师进行咨询，以求得心理调整的指导，在心理咨询师的帮助下尽快消除不健康心理，使心理状态恢复正常；若有必要，还应由心理医生进行心理治疗。为了预防不健康心理（心理问题）的发生，人们需要学点心理学的知识，应多看看心理卫生、心理咨询、心理治疗的书籍，用专业的心理知识做指导，以调节自己的心理。

一个人的心理从健康状态到疾病状态一般可分为四个等级：健康状态、不良状态、心理障碍、心理疾病。

（一）健康状态

可以从自我评价、他人评价和社会功能状况三个方面分析。自我评价就是本人不觉得痛苦，即在一个时间段（如一周、一月、一季或一年）中快乐的感觉大于痛苦的感觉。他人评价就是周围的人对你感觉正常，即心理活动与周围环境相协调，没有出现与周围环境格格不入的现象。社会功能状况就是指能胜任家庭和社会角色，能在一般社会环境下充分发挥自身能力，利用现有条件（或创造条件）实现自我价值。

（二）不良状态

不良状态又称第三状态，是介于健康状态与疾病状态之间的状态，有时我们将其称为一般性心理问题，是正常人群中常见的一种亚健康状态，它是由个人心理素质（如过于好胜、孤僻、敏感等）、生活事件（如工作压力大、晋升失败、被领导批评、婚恋挫折等）、身体不良状况（如长时间加班劳累、身体疾病）等因素引起的。它的特点有：一是持续时间短暂，一般在一周以内能得到缓解。二是损害轻，对其社会功能影响比较小。处于此类状态的人一般能完成日常工作、学习和生活，只是愉快感小于痛苦感，“很累”“没劲”“不高兴”“应付”是他们常说的词汇。三是能自我调整，大部分人通过自我调整，如休息、聊天、运动、钓鱼、旅游、娱乐等放松方式，能使自己的心理状态得到改善。小部分人若长时间得不到缓解，可能形成一种相对固定的状态。这部分人应该去寻求心理咨询师的帮助，以尽快得到调整。

（三）心理障碍

心理障碍指的是个人及外界因素造成的心理状态的某一方面（或几方面）发展的超前、停滞、延迟、退缩或偏离。[①] 它的特点包括：

1. 不协调性。其心理活动的外在表现与其生理年龄不相称或反应方式与常人不同。如：成人表现出幼稚状态（停滞、延迟、退缩）；儿童出现成人行为（不均衡的超前发展）；对外界刺激的反应方式异常（偏离）等。

2. 针对性。处于此类状态的人往往对障碍对象（如敏感的事、物及环

---

① 参见陈建：《心理障碍及其防治》，《中华现代临床医药杂志》2004 年第 5 期，第 55—56 页。

境等）有强烈的心理反应（包括思维、情感及动作行为），而对非障碍对象可能表现得很正常。

3. 损害较大。此状态对其社会功能影响较大。它可能使当事人不能按常人的标准完成某项（或某几项）社会功能。如，社交焦虑者（又名社交恐惧）不能完成社交活动，锐器恐惧者不敢使用剪刀、刀，性心理障碍者难以与异性正常交往。

4. 需求助于心理咨询师。此状态者大部分不能通过自我调整和非专业人员的帮助解决根本问题，因而需要心理咨询师的指导。

（四）心理疾病

心理疾病是指个人及外界因素引起的个体强烈的心理反应（思维、情感、动作行为、意志）并伴有明显的躯体不适感，是大脑功能失调的外在表现。其特点包括：

1. 强烈的心理反应。可出现思维判断上的失误，思维敏捷性和记忆力下降，头脑有粘滞感、空白感，强烈的自卑感及痛苦感，精神不振，情绪低落或忧郁，紧张焦虑，行为失常（如重复动作、动作减少、退缩行为等），意志减退等。

2. 明显的躯体不适感。中枢控制系统功能失调可引起控制人体的各个系统功能失调，如影响消化系统则可出现食欲不振、腹部胀满、便秘或腹泻（或便秘——腹泻交替）等症状；影响心血管系统则可出现心慌、胸闷、头晕等症状；影响内分泌系统可出现女性月经周期改变、男性性功能障碍等。

3. 损害大。此状态下的当事人不能或勉强能完成其社会功能，缺乏轻松、愉快的体验，痛苦感极为强烈，“哪里都不舒服”“活着不如死了好”是他们真实的内心体验。

4. 需求助于心理医生。此状态下的当事人一般不能通过自身调整和非心理科专业医生的治疗而康复。心理医生对此类患者的治疗一般采用心理治疗和药物治疗相结合的综合治疗手段。在治疗早期通过情绪调节类药物快速调整情绪，中后期结合心理治疗解除心理障碍并通过心理训练恢复其社会功能，提高其心理健康水平。

【心理小故事】

● 逃避的寓言：小猫逃离影子的招数

“影子真讨厌！”小猫汤姆和托比都这样想，“我们一定要摆脱它。”

然而，无论走到哪里，汤姆和托比都会发现，只要一出现阳光，就会看到令它们抓狂的影子。

不过，汤姆和托比最终都找到各自的解决办法。汤姆的方法是，永远闭着眼睛。托比的办法则是，永远待在其他东西的阴影里。

这则寓言说明了一个小的心理问题是如何变成更大的心理问题的。

可以说，一切心理问题都源自于对事实的扭曲。是什么事实呢？主要是那些令我们痛苦的负性事件。因为痛苦的体验，我们不愿意去面对这些负性事件。但是，一旦发生过，这样的负性事件就注定要伴随我们一生，我们能做的只不过是将它们压抑到潜意识中去，这就是所谓的忘记。但是，它们在潜意识中仍会一如既往地发挥作用。哪怕我们对事实遗忘得再透彻，这些事实所伴随的痛苦仍会袭击我们，让我们莫名其妙地伤心难过，而且无法抑制。这种疼痛让我们进一步想去逃避。

发展到最后，通常的解决办法就包括两个：要么，我们像小猫汤姆一样，彻底扭曲自己的体验，对生命中所有重要的负性事件都视而不见；要么，我们像小猫托比一样，干脆投靠痛苦，把自己所有的事情都搞得非常糟糕，既然一切都那么糟糕了，那么那个让自己最伤心的原初事件也就不那么疼了。

其实，真正获得健康的方法只有一个——直面痛苦。直面痛苦的人会从痛苦中得到许多意想不到的收获，而这些痛苦最终会变成当事人的生命财富。

切记：阴影和光明一样，都是人生的财富。

十三、心理障碍是怎样分类的

心理障碍的主要表现，按心理活动的不同及心理过程的异常特征，大致可分为感知障碍、记忆障碍、思维障碍、情感障碍和意志障碍等类别。①

（一）感知障碍

感知障碍就是感觉障碍和知觉障碍。② 感觉障碍包括感觉过敏、感觉减退、感觉倒错和内感性不适；知觉障碍包括错觉、幻觉、感知综合障碍。错觉是对客观事物的错误感知和确认，并且经验证不属实的情况下，仍始终坚信。幻觉指缺乏相应的现实刺激作用于感官而出现的虚幻知觉，如没有人演奏却感觉听到弹琴声，这就是幻听。

（二）记忆障碍

记忆障碍包括记忆增强、记忆减退、遗忘、错构、虚构等。③ 记忆增强不是指其记忆能力增强，而是指当事人把发病前不能够也不重要的事情回忆起来，当事人会在联想和接近联想的基础上，产生对某些过去生活事件的清晰的回忆。如有的人自称能回忆起3岁以前的许多事情，并对当时的事纠缠不休。记忆减退，是指对过去经历过的重大事件难以记起，或是新发生的事情转瞬即忘，如刚吃过饭就忘了吃的是什么，甚至以为没吃。遗忘比记忆减退更加严重，有部分遗忘和完全遗忘两种情况。有的人不能回忆起发病之后的经历，叫顺行遗忘；有的人不能回忆起发病之前的经历，叫逆行遗忘。错构就是把经历过的事情在时间、地点、情节等方面完全记错、张冠李戴，并坚信不疑。比如，有的人说他昨天晚上吃的是猪肉和鸡蛋，实际上这是前天中午别人吃的菜。虚构是指对一些完全没有发生过的事确信不疑。

---

① 参见杨心德、陈朝阳：《大学生心理障碍自我超越》，上海教育出版社2003年版，第14—15页。

② 参见郭念锋：《国家职业资格培训教程·心理咨询师（基础知识）》，民族出版社2015年版，第303—305页。

③ 参见郭念锋：《国家职业资格培训教程·心理咨询师（基础知识）》，民族出版社2015年版，第311—312页。

（三）思维障碍

思维障碍包括思维形式障碍和思维内容障碍。[①] 思维形式障碍是指思维联想活动的量和速度方面发生异常，常见的表现有思维奔逸、思维迟缓、思维贫乏、思维散漫、思维破裂、思维中断等。思维奔逸又称观念飘忽，表现为思维活动量增多和转变快速，当事人的联想过程异常迅速，新的概念不断涌现，内容十分丰富，当事人说话滔滔不绝、口若悬河，可出现音韵联想（音联）或字意联想（意联）。思维迟缓正好相反，表现为思维活动显著减缓，联想困难，当事人说话减少、速度慢、声音小，感觉脑子变笨、反应慢。思维贫乏，指联想数量少，概念与词汇贫乏，脑子空洞无物，没有东西可想，具体表现为沉默寡言，语言单调，严重时什么都回答不知道。思维散漫，指思维的目的性、连贯性和逻辑性存在障碍，表现为联想松弛，内容散漫，缺乏主题，说话东拉西扯，答不对题，交流困难，根本不知其想表达什么。思维破裂是指联想过程破裂，思维缺乏内在意义上的连贯和应有的逻辑性，表现为所说或所写内容，句子结构完整，但各句含义互不相关，整段内容让人无法理解。严重时，言语支离破碎，词句间也缺乏联系。思维中断，指思维阻滞，在无意识障碍和外界干扰的情况下，思维过程突然中断，重新说话后，所说话题改变，感觉当事人的思维像被外力从中间截取了一部分的样子。

思维内容障碍是指思维的内容出现歪曲、扭曲，常见的有妄想、强迫观念等。妄想是一种病理性的歪曲信念，是病态的推理判断。信念的内容与事实严重不符，但当事人却坚信不疑，并且妄想的内容都与其本人有关，有强烈的个人独特性和时代文化差异。临床上通常表现为被害妄想、关系妄想、物理影响妄想及钟情妄想等。被害妄想者坚信别人要害自己，认为自己被跟踪、监视、诽谤、隔离等。关系妄想者会将环境中与其无关的事物都认为与其有关，如认为周围人说话都是在谈论他、别人吐痰是在

---

① 参见郭念锋：《国家职业资格培训教程·心理咨询师（基础知识）》，民族出版社 2015 年版，第 305—310 页。

蔑视他等。关系妄想多是对其不利的妄想，常与被害妄想同时存在。物理影响妄想者认为自己的思想、情感和意志行为都受到外界某种力量的控制，如电波、辐射等。钟情妄想即被钟情妄想，当事人坚信某人对自己产生了爱情，即使遭到对方严词拒绝，也仍认为对方深爱自己，拒绝等表现都是为了考验自己对爱情的忠诚。强迫观念，指在当事人脑中反复出现的某一概念和相同内容的思维，明知没有必要，但又无法摆脱。如反复回忆、反复思索无意义的问题，反复计数，反复出现一些对立的想法或总是怀疑自己的行动是否正确等。强迫观念常伴有强迫动作。

（四）情感障碍

情感障碍包括情感高涨、情感低落、情感冷漠、情感倒错、情感爆发、易激动等。情感高涨者的情感活动异常强烈；表现轻松愉快、兴高采烈、洋洋自得、表情丰富生动、自负自信，甚至夸大。情感低落者整体情绪低沉、忧心忡忡、唉声叹气。情感淡漠者对外界任何刺激均缺乏相应的情感反应，对周围的一切漠不关心，视若无睹，表情冷淡呆板。情感倒错指人的认识过程和情感活动之间丧失协调而产生的颠倒现象，人的情感反应与相应的外界刺激的性质及内心体验不相符，如遇到悲伤事件却非常高兴，碰到高兴事件却悲伤等。

（五）意志障碍

意志障碍包括意志增强、意志减退、意志缺乏、意向倒错和矛盾意向等。意志增强表现为病态的自信和固执的行动，出现意志活动增多与意志力增强的现象。意志减退，指意志活动减少和意志力减退，表现为缺乏主动性、进取心。意志缺乏，指意志活动极度减少或缺乏，意志力极度减退，表现为缺乏要求或打算，对任何事都无兴趣，时时处处需要别人督促。意向倒错，指意志活动违背常理，完全不同于正常人，令人无法理解。矛盾意向，指对同一事物同时产生对立的相互矛盾的意志活动，而且对此毫无察觉，也无法纠正。

产生以上一种或同时存在几种心理障碍的人，大多对自己的不正常心理缺乏认识，不知道自己正处在心理（精神）疾病状态，这种人须在监护人的帮助下赴专门机构进行咨询、治疗。

十四、常见的心理障碍有哪些

心理障碍有两层含义：一层含义指精神疾病的某种症状，如精神分裂症患者常伴有思维障碍；另一层含义指轻微的心理失调，可以从一个人行为上的偏离程度来判断这个人的“障碍”程度。偏离社会生活规范越多，“障碍”程度越深。常见的心理障碍有：

1. 适应性障碍。环境原因造成的心理和行为失调，表现为不能正常地适应工作、生活和学习，不能正常地发挥自己的能力，不能正常进行人际交往等。

2. 焦虑性障碍。焦虑是一种不明原因的害怕，是不能达到目标和不能克服障碍时表现出的紧张不安、心烦意乱、忧心忡忡，常伴有身体不适感，如出汗、口干、心悸、嗓子有堵塞感、失眠等。

3. 抑郁性障碍。主要表现是情绪持续低落、悲观，心理功能下降，自我评价降低，自罪自责，内心体验多不幸、苦闷、无助、无望，总感到活着没意思。

4. 恐怖性障碍。对事实上对人没有太大威胁的事物产生强制性的回避意愿和紧张、焦虑、眩晕等心理反应，如恐高症、利器恐怖、动物恐怖、广场恐怖及社交恐怖等，其中社交恐怖较为常见。

5. 强迫性障碍。做事反复思考，犹豫不决，自知不必想的事仍反复想，不该做的事仍反复做，因而感到紧张、痛苦。强迫性症状中常见的有：（1）强迫思维，如强迫观念、强迫回忆、强迫怀疑等；（2）强迫行为，往往是为减轻强迫思维产生的焦虑而不得不采取的行动，如反复检查门锁等。

强迫症状几乎每个人都曾出现过，但只要不成为人们的精神负担，不妨碍人们正常工作、生活，就不应算作强迫性障碍。

6. 疑病性障碍。主要表现为对自己健康状态过分关注，深信自己患了某种疾病，经常说自己身体不舒服，顽固地怀疑、担心自己有病，经医学检查和医生的多次解释后仍不能接受，反复就医，甚至影响其社会功能。

需要特别说明的是，是否能诊断为障碍需要严格的心理学标准，不能认为出现上述症状就存在相应的心理障碍。

十五、心理障碍的早期表现有哪些

心理障碍的早期表现症状较轻，不典型，往往不易被发现，以致耽误求助者的治疗，给其带来不利的后果。“有病早医”是治疗疾病的一条基本原则，在心理障碍的发展过程中我们也要做到及早发现。早期识别心理障碍，可以从以下几个方面入手：

其一，生活规律改变。如以前很讲究个人卫生、注意清洁的人，突然间变得不知更换衣裤，不愿理发洗澡，甚至满面污垢，物品随手乱放，工作拖拉，纪律松懈，经常脱岗、迟到；或原来生活节约的人突然变得挥霍无度等等。

其二，脾气改变。脾气改变是许多心理障碍的早期症状之一。如原先热情合群的人变得沉默寡言，孤僻不合群，待亲友冷淡，甚至避而不见，与父母、妻子和孩子不谈家事，很少关心家人的生活和工作；或原来很有礼貌的人变得出言不逊、对人无礼等。

其三，情绪变化。早期的情绪变化表现为有的人变得洋洋自得，爱管闲事，精力充沛，喜欢与人争执，自我评价过高，常做出一些不符合实际的事情来；有的人变得情绪低落，整日郁郁寡欢，愁眉不展，唉声叹气，悲观失望，觉得生不如死，甚至出现自杀行为；或情绪极不稳定，时哭时笑，易激动，怨天怨地，对人耿耿于怀；有的甚至打人毁物，不考虑后果；有的情绪反应迟钝，对周围的事物漠不关心，与人疏远；有的则表现为焦虑不安，心烦意乱，情绪紧张，似感将大祸临头；还有的则经常照镜子，喃喃自语，自鸣得意。

其四，行为变化。有的人动作呆板重复，自由散漫，不务正业；有的表现举止迟钝，生活懒散，不料理家务，不照顾子女；有的人收藏一些无意义的物品，随身带些不必要的东西等。

其五，记忆力下降。丢三落四，工作效率降低，这种情况如发生在中、青年身上，应引起高度重视。

其六，多疑。一个乐观大方的人，变得敏感多疑，对人怀有戒心，对别人的一言一行都特别注意，认为都是针对他的；或觉得周围的许多事十分费解，有某种特殊的含义；或感到有许多“居心不良”的人在有意捉弄他，甚至觉得报刊文章、电影电视内容也是针对他的；十分注意周围事物的细节变化，经常倾听他人谈话，时常写日记，记录他所怀疑的人和事。有的人怀疑对象广泛，内容非常离奇，对别人的解释无动于衷，长期坚持自己的意见。

以上各种表现是心理障碍常见的早期症状，如果当事人在没有原因的情况下出现这些症状，或者虽然这些症状有具体的诱发事件，但相关诱发事件已经过去很久，症状却仍持续存在时，应考虑出现心理障碍的可能。但若要确定是否患有心理障碍，或属于哪种类型的心理障碍，尚须到专业机构进行咨询并做进一步检查。

十六、怎样正确对待心理障碍和心理疾病

首先，要对心理障碍与心理疾病有一个科学的认识。心理障碍和心理疾病是“病”，而不是什么思想问题或道德问题，不要有太多的心理负担。对待有心理障碍和心理疾病的人要多关怀而不是回避和歧视。

其次，要坚信心理障碍或疾病是能够治好的，尽管它们的成因十分复杂，疗效也比较缓慢。但是，患了心理障碍或疾病的人，只要善于了解自己，控制自己，增强信心，懂得一些有关心理健康的基本常识，在心理咨询师或心理医生的指导下，掌握并运用一些有效的心理治疗方法，那么心理障碍或疾病就一定能够治好。

第三，要坚持心理咨询和治疗。一旦出现心理障碍或心理疾病，不要害怕，不要觉得内疚或麻烦别人，因为每个人都有可能受到心理障碍的困

扰。及时寻求帮助和坚持咨询、治疗，有助于尽快恢复健康。

十七、怎样有效帮助出现心理异常的同事

如果你的同事出现心理异常现象，一要试着跟他（她，下略）沟通，做一个好的倾听者，给他提供心理支持和帮助，陪伴他走出心理危机；二要尽量理解他的感受，而不是简单地批评和教导他；三要建议他去做心理咨询和辅导，也可以陪同前去。

如果是严重的心理异常，如精神疾病发作、有自杀倾向等，要立即采取措施：首先要尽可能安抚对方的情绪，试图跟他讲话，了解原因，分散他的注意力。其次，避免发生自伤或伤害他人事件，例如清除他身边的刀、针、绳索等。第三，迅速跟专业心理咨询师或咨询机构联系。第四，切忌采取激怒、嘲讽和冷漠等不适宜的做法。

十八、怎样减少悲观情绪

悲观是由精神引起而又会影响到身心健康的不良态度，有一个真实的案例可以证明这一点：一位铁路工人意外被锁在一个冷冻车厢里，他清楚地意识到自己是在冷冻车厢里，如果出不去，就会被冻死。不到 20 个小时，冷冻车厢被打开时他人已经死了，医生证实是冻死的。可是，人们仔细检查了车厢，冷气开关并没有打开。但那位工人确实死了，因为他确信在冷冻的情况下人是不能活命的。所以，在极端情况下，悲观可能会导致死亡。

乐观态度或悲观态度是人类最典型也是最基本的两种倾向，它影响着我们的生活方式。美国医生做过这样一个实验：他们让患者服用安慰剂。安慰剂呈粉状，是用水和糖另加上某种颜料配制的。当患者相信药力，也就是说当他们对安慰剂的效力持乐观态度时，治疗效果就显著。如果医生自己也确信这个处方，疗效就更为显著了。这一点已多次被实验证实。

乐观主义者总是假设自己是成功的，也就是说，他在行动之前，已经有了85%的把握。而悲观主义者在行动之前，却已经确认自己无可挽救了。许多人知道大发明家爱迪生的故事，他在寻找适合做灯丝材料的试验过程中做了1200次试验，失败了1200次，就是找不到一种能够耐高温又经久耐用的好材料。这时，别人对他说："您已经失败了1200次了，还要试验下去吗?"爱迪生回答说："不，我并没有失败，我已经发现有1200种材料不适合做灯丝。"正是这种积极乐观的态度激励他获得最后的成功。

以下建议也许对悲观主义者有帮助：

1. 越担惊受怕，就越遭灾祸。因此，一定要懂得积极态度所带来的力量，要坚信希望和乐观能引导你走向胜利。

2. 即使处境危难，也要寻找积极有利的因素。这样你就不会放弃取得胜利的努力，进而你会发现自己在很多方面能取得成功。这样自信心就自然增长了，克服困难的勇气也会成倍增长。

3. 以幽默的态度来接受现实中的失败。幽默的人，才有能力轻松地战胜噩运，消除随之而来的倒霉念头。

4. 既不要被逆境困扰，也不要幻想出现奇迹，要脚踏实地，坚持不懈，全力以赴争取胜利。

5. 不要让悲观成为阻碍自己努力的借口。乐观是希望之花，能给人以力量。

6. 当你失败时，要想到你曾经多次获得成功，这才是值得庆幸的。如果有10个问题，你做对了5个，那么还是有理由庆祝一番的，因为你已经成功地解决了5个问题。

7. 在闲暇时间，你要努力接近乐观的人，观察他们的行为。通过观察，你能培养乐观的态度，乐观的火种会慢慢地在你内心点燃。

8. 要知道，悲观不是天生的。就像人类的其他态度一样，悲观不但可以减轻，而且通过努力还能转变成一种新的态度——乐观。

9. 如果乐观态度使你成功克服了困难，那么你就应该相信这样的结论：乐观是成功之源。

十九、怎样消除紧张情绪

紧张是每个人都会遇到或者出现的情况，以下方法将有助于你缓解紧张情绪。

1. 保持幽默感。我们每个人都应活得轻松些，尤其是当自己身处逆境时，要学会超脱，正所谓“来日方长”，要看到生活中美好的一面，活得无忧无虑，轻松自在。

2. 礼貌待人。如果你对别人施之以礼，别人也会对你以礼相待，也就是说，“将心比心”会有助于缓冲你的精神紧张。有时，一声“谢谢”、一个微笑或一次过路礼让，都能使你更受欢迎。记住，别人对待你的态度在一定程度上反映了你的自我形象。

3. 要自信。这里所说的自信不是狂妄自大，也不是自以为是，而是要学会自我控制。有句话是这样说的，“如果我不靠自己，我又靠谁呢？如果我只想着自己，我又算什么人呢？如果我现在不想，又待何时呢？”如果只指望他人把事情办好，你可能将处于被动地位，也可能成为环境的牺牲品。因此，办任何事情，首先要相信自己，依靠自己，不要将希望寄托于别人，否则将错失良机，产生懊丧心理，加重精神紧张。

4. 当机立断。死守着一个毫无希望的目标，不论是对你自己，还是对你周围的人来说，都会增加心理压力。一个聪明的人一旦打算完成某项任务时，应马上做出决断并付诸行动。当他发现已做的决定是错误的，会立即另想办法。优柔寡断，只会增加精神负担。

5. 扩大朋友圈。生活的道路不会永远平坦，我们与周围的人建立友谊，可以获得外界的支持和帮助，从而减轻精神紧张。不要害怕扩大你的朋友圈，这样有助于你寻找应付紧急事件的新渠道。

6. 改进人际关系。建立良好的人际关系，可以帮助你事业成功，减少挫折，这对于保持良好的工作状态十分重要。我们不需要那种只会教训人“给我听着，你该怎样做”的朋友，需要的是鼓励我们进行创造性思维，以及能够支持我们走上成功之路的朋友。

7. 宣泄、抒发。人经常处于精神紧张状态，累加起来可能会吞噬掉机体的健康。我们需要对人诉说自己的感受，哪怕这样做改变不了什么。向谁诉说，取决于你想要说的内容，必须选择合适的诉说对象。记住，不要将不愉快的事情隐藏在自己心里。

8. 以仁待人。当别人身处困境时，应乐于助人。在这种时刻，他们最需要有人去倾听他们诉说，需要有人给予他们帮助。俗话说，善有善报，如果你有朝一日也出现某种危机，只要对方是一位真诚的朋友，他就会来帮助你的。

9. 不传闲话。传闲话会招来仇恨和互相猜忌，也容易使你失去朋友，当你向他人传闲话时，他人也会猜想你是否也说过他的闲话，犯不着背个“小广播”的名声去自找麻烦。

10. 灵活一些。我们要完成一件工作，可能有许多方法，你自己的方法不一定是最好的。如果你总认为事事都必须按你的想法去做，那么当事物不按你的想法发展时，你就会烦恼生气。其实你的目标应只是把事情办成，至于方法，不必拘泥于某一种。

11. 衣着整洁。衣服穿得整洁与否，反映着你是否尊重别人，当然也反映着你的自尊自重。衣着不仅在显示你的性别，还能为你的自身价值和重要性提供一种保证。

二十、怎样寻求心理帮助

目前，社会上能提供心理帮助的机构和部门有很多，包括心理热线、心理咨询中心、心理门诊或心理诊所、精神病院等。可以通过电话、书信、网络（各种网络工具）、面对面等方式进行咨询与治疗。

一般来说，紧急的日常心理危机，比如家庭纠纷和一时的心理烦恼，适合通过心理热线暂时得到缓解。学习障碍、轻度社会适应不良，适合到由社会教育工作者主办的心理咨询中心接受心理咨询。神经症、人格障碍和性心理障碍等发病时间较长，有一定人格基础的心理障碍，适合到心理门诊或心理诊所接受系统心理治疗。而精神分裂症或躁狂抑郁症等重症精神病和有自杀行为的人，在发作期适合到精神病院接受以化学药物治疗为主的专业治疗。

二十一、何时寻求心理帮助

概括地讲，只要你觉得自己心里不舒服，就可以寻求心理帮助，找心理咨询师或到相关机构进行咨询或治疗。而心理咨询按照咨询的内容大致可分为两大部分，即心理健康咨询和心理发展咨询。

其一，心理健康咨询。其针对的是非精神性心理障碍的人，具体包括十类人：焦虑性障碍，包括恐惧症、焦虑症、强迫症和精神创伤后的应激障碍四种；抑郁障碍；睡眠障碍；慢性疼痛，经检查无器质性病变者；不明原因的躯体症状；慢性厌食与贪食；性心理障碍；学习障碍；躯体疾病伴发的心理反应；人格障碍和适应不良行为。

其二，心理发展咨询。这包括各种健康人在成长发展中均可能遇到的一些心理上的困扰，如儿童的学习、青春期少年与家长的冲突、大学生的恋爱、青年人的婚姻、中年人事业与家庭的矛盾、人际关系问题、老年人的社会角色再适应等。这些问题都是人在特定的时期必然会遇到的问题，如不能正确处理，就会造成精神、心理上的压力。当碰到这些事件时，向心理咨询工作者咨询一下，听听他们的建议，能更好地处理相关问题，渡过难关。

以前，人们对心理咨询有不正确的看法。有人认为心理疾病不是病，不需治疗；有人认为咨询不能解决问题；还有人觉得心理问题属于个人隐私，不宜公开等。这些想法都是不正确的，心理障碍或疾病就像躯体疾病一样需要接受治疗才能较快地痊愈。如果讳疾忌医，就会错过诊治的时机，从而加重病情。一般来说，心理障碍或疾病缘于内心的冲突，单纯的药物治疗解决不了问题，所以当你感到心理压力过大，内心冲突严重，并由此引起失眠、抑郁、焦虑、恐惧等症状时，一定要及时向专业的心理咨询师进行咨询。

第二部分

心理咨询常识

心理咨询是应对心理问题最常用的方法。受学科发展和传统观念等因素的影响，人们对心理咨询还存在许多模糊甚至是错误的认识，一定程度上阻碍了人们走近心理咨询、维护健康心理的脚步。在本部分中，笔者将介绍与心理咨询相关的各种知识，使读者能够正确认识心理咨询，明白在遇到无法解决的心理问题时向谁求助、如何求助，从而为人们疏通问题解决途径、保持良好心理状态铺平道路。

一、心理咨询概述

心理咨询是利用语言、文字等媒介，给来访者以帮助、启发和教育的过程。[①] 通过心理咨询，来访者可以在认知、情感和态度上有所变化，解决在学习、工作、生活、疾病和康复等方面出现的心理问题，从而更好地适应环境，保持身心健康。同时，心理咨询是一个过程，在这个过程中，心理咨询师致力于与来访者建立一个具有治疗功能的关系，来协助来访者认识自己，接纳自己，进而欣赏自己，克服成长的障碍，充分发挥个人潜

① 参见林崇德、杨治良、黄希庭：《心理学大辞典》，上海教育出版社2003年版，第1418页。

能，实现个人的全面发展。

【心灵物语】

咨询不是说教，它是聆听；咨询不是训示，它是接纳；
咨询不是教导，它是引导；咨询不是控制，它是参与；
咨询不是侦讯，它是了解；咨询不是制止，它是疏导；
咨询不是做作，它是真诚；咨询不是改造，它是支持；
咨询不是解答，它是领悟；咨询不是包办，它是协助；
咨询不是强迫，它是悦服。

【心理知识加油站】

● 需要心理咨询的人都是有心理问题的人吗？

不全是。来访者有两大类：一类是心理健康的人，来访的目的是为了更好地发展；另一类是心理偏离正常的人，来访的目的是为了消除心理障碍。

● 心理咨询对个人有哪些帮助？

心理咨询过程并非一般人所理解的劝慰人或开导人，也非少数人所理解的仅仅是处理心理障碍的过程。心理咨询过程实际上是“人格重构”的过程，它所追求的目标是帮助来访者实现心灵的再次成长。具体地讲，心理咨询可以从八个方面为你提供支持和帮助：

1. 教会你管理自己的情绪，使你拥有积极稳定的情绪，避免罹患各种情绪障碍，如抑郁症、躁狂症、歇斯底里症等。

2. 帮助你学会正确认识自我和周围世界，使你拥有完善的认知体系，避免错误归因导致的种种失败。

3. 帮助你恢复爱的能力，使你学会幸福地工作、幸福地生活、幸福地去爱。

4. 使你拥有健全的人格，摆脱自卑、自恋、自闭等不良心态，从而更好地投入到学习、工作和生活中去。

5. 帮助你摆脱失业、失恋、离异造成的痛苦，教会你应付生活中种种挫折的方法。

6. 矫治各种人格障碍和神经症。

7. 为你提供职业咨询指导，帮助你在人生重大问题上正确独立地抉择。

8. 帮助你渡过人生各个发展阶段的种种危机，平稳地完成人生的发展任务。

● 有哪些人不宜做心理咨询？

1. 来访者具有明显的精神病症状，比如思维障碍、行为失常，或经医院精神科确诊有精神病的，如精神分裂症、情感性精神障碍等重型精神疾病。

2. 来访者根本不愿接受帮助，或勉强愿意却无法与咨询人员沟通的。

3. 器质性疾病引起的心理行为失常，如因大脑相应部位机能受损而造成的失忆症等。

4. 具有严重变态人格的人。

● 心理咨询与心理治疗①

二者联系非常紧密，理论方法基本一致，但也存在很大区别：

1. 心理咨询的对象主要是正常人、正在恢复或已康复的患者。而心理治疗的对象则主要是有心理障碍的人。

2. 心理咨询着重处理的是正常人所遇到的各种问题，诸如日常生活中的人际关系问题、职业选择问题、教育问题、婚姻家庭问题等。心理治疗的适用范围则主要为某些神经症、行为障碍、身心疾病、康复中的精神病患者等。

3. 心理咨询用时较短，一般咨询两三次或几次即可。而心理治疗较费时间，由几次到几十次不等，甚至更多，需经年累月方可完成。

4. 心理咨询在意识层次进行，更重视教育性、支持性、指导性，着重找出已存在于来访者自身的某些积极因素，并促使其发展、成长，或在现存条件的基础上提出对问题的改进意见。心理治疗则主要在无意识领域进

---

① 参见马松源：《心理医生·心理咨询篇》，线装书局2009年版，第2—3页。

行，且具有对峙性，重点在于重建当事人的人格。

5. 心理咨询是为直接针对某些有限的具体目标而进行的。心理治疗的目的则比较模糊，是为了使人发生改变和进步而进行的。

心理咨询和心理治疗虽有区别，但本质上是相通的。咨询过程本身就有一定的治疗意义，而治疗也离不开必要的咨询过程。因此，在咨询中，咨询师不仅要帮助来访者分析心理问题产生的原因，使其领悟，同时也要采取必要的措施，使心理咨询更加有效。

（一）心理咨询的过程

心理咨询的过程就如同一个人照镜子。心理咨询师就是那面镜子，帮助人们认识自我。一个完整的咨询主要包含以下几个阶段：

1. 建立相互依赖、地位平等的关系。

2. 搜集信息，搞清问题的大致范围和可能性质。着重关注来访者的基本情况、社会文化背景、心理问题。

3. 诊断检查，明确咨询目标。在心理咨询中，最常用的检查工具是心理测验量表，在条件许可和必要的情况下，还可使用生化仪器进行生理测量。在这一过程中，有两个问题值得注意：（1）要注意从总体上对来访者的问题性质做出准确判断：一要看心理、行为与环境是否统一；二要看心理活动是否完整和协调；三要看个性心理特征是否稳定。（2）要从细节上对来访者的问题性质予以确认并明确咨询的目标。

4. 选定解决问题的方案。

5. 追踪反馈，巩固和发展咨询成效。追踪观察可采取多种方式进行。通信征询是最简单易行的方式。

【心理知识加油站】

● 心理咨询前应该了解些什么？

1. 本人要有心理咨询的愿望。心理咨询以语言沟通为基础，这种沟通是建立在你对咨询师的信任和自愿基础上的。若来访者没有沟通的愿望或是被亲朋好友强迫带领至此，他是不会自愿谈及真实的自我的，咨询效果会受到影响。接受心理咨询的人≠心理障碍者，当你面对心理咨询师时，不要觉得面子上不好看。正视问题的存在，勇于与咨询师商讨是自信的表现，也是明智的选择。

2. 你不必担心谈话的内容外泄。心理咨询工作的原则之一是为来访者保密，有些人因为有这种担心，咨询时往往隐去某些问题，这样不利于咨询师做出诊断和提供帮助。

3. 把心理咨询师看作是一个特别亲密的朋友。心理问题大多要有情感上的倾诉，这是来访者和咨询师的共同愿望，一点也不矛盾，并且咨询师会对你的“泄密”绝对保密。因此，面对咨询师，应尽可能敞开心扉。

4. 不必过分关注自我的表现与形象。不要羞于开口或含糊其词，或许你的问题是人性共同的弱点。不必有太多顾虑，或力求赢得对方的好感，咨询不是求职或与上级领导谈话，咨询师并不太关心你表层的东西，而是更注重解决你的心理问题。在与咨询师谈话时，你要尽可能放松一些，不要在说话中过多考虑方式方法和技巧，有话直说最好。

5. 对于有关“性”的问题，最好能找同性别的咨询师。尽管心理咨询师在诊治访者时有严格、严肃的科学态度，但涉及“性”的问题时，同性之间说话更为方便和深入些。退一步说，如果找不到同性咨询师，向异性心理咨询师谈“性”的问题也是可以的，不必过分紧张。在咨询师眼里，来访者的性别是无关紧要的。

（二）心理咨询过程的主要特点

心理咨询过程有如下特点：双向性、多端性、社会性、渐进性和反复性。只有了解了这些特点，才能把握心理咨询活动的基本规律，更好地组织心理咨询过程及其环节。

1. 双向性。在心理咨询过程中，咨询师起着主导作用，咨询对象（来访者）是心理咨询过程中的主体。咨询师与来访者相互影响、相互配合，使咨询活动在愉快的气氛中进行，并获得圆满的结局，即为心理咨询的“双向性”。因此，在心理咨询过程中，一方面，来访者必须认真听取咨询师的意见，积极配合咨询师的帮助与教育；另一方面，咨询师也必须洞察来访者的心理变化，并根据其反应调节自己的帮助与引导，调动来访者的积极性。

2. 多端性。众所周知，一个人的心理结构和心理面貌主要由四方面组成：知（认知）、情（情感）、意（意志）和行（行为）。一个人出现心理问题或心理障碍主要是因为这四个方面发生了偏差。

在人的心理结构中，这四个方面组成一个统一的有机体：认知越深刻，情感就越有理性，意志就越坚定，行为就越自觉。一般来说，认知是起点，行为是归宿，情意是中介。认知是行动的先导，只有知道了怎样行动和为什么要这样行动，才有可能自觉地产生相应的行为。因此，心理咨询过程应在转变来访者的认知上下功夫，做到“晓之以理”。行为是归宿，只有知而去行的，“知”才是“真知”，知而不行，等于不知。因此，要从根本上解决来访者的心理问题，就要“导之以行”，对其行为习惯或行为方式提出相应的要求和进行必要的训练。情意是中介，只有积极的情感与意志，才能使认知顺利转化为行为。由于社会生活实践不同，每个人心理结构中这四方面因素所占的位置、所起的作用也就不同，其发展的不平衡也就产生了某个方面的薄弱环节。因此，在心理咨询过程中，必须根据来访者的具体情况，选择最需要、最迫切的方面作为咨询工作的开端和突破口，从“晓之以理”着手，帮助其弄清事理，认识危害；从“动之以情”入手，以积极情感沟通双方的心灵，解除心理防卫的屏障，并调整其情感；从“炼之以意”着手，使其树立信心，坚定决心，培养恒心，积极配合咨询过程；从“导之以行”入手，让其从事与原有心理障碍相颉颃①的健康心理活动，养成良好的行为习惯。这就是心理咨询过程的“多端性”。

3. 社会性。心理咨询不是在“真空”里进行的。社会经济文化的兴衰、科学技术的进步以及社会价值体系的变化，都会给心理咨询事业带来

---

① 颉颃（xié háng），本指鸟上下飞翔，后泛指双方相比较、抗衡的意思。心理咨询中常使用该词来表达相反、相抗的意思。

不同程度的影响。同时，心理咨询师对于来访者的帮助，也只是各种“影响源”中的一个“支流”。家庭、单位、社会机构等若干“支流”无时无刻不在荡涤、侵蚀着来访者的心灵。这些“流”有的与心理咨询方向一致，能够帮助和促进来访者更好地克服心理障碍；有的则与心理咨询方向相背，甚至阻碍和削弱心理咨询的顺利开展。这就要求心理咨询师必须把心理咨询与单位、家庭、社会联系起来，统一步调，协同帮助来访者。一方面，必须注意分析来访者存在心理问题的社会背景，弄清其产生心理障碍的真实原因；另一方面，在解决来访者的心理问题时，必须积极获得各方面的配合，利用与心理咨询要求一致的积极影响去克服和抵制与心理咨询要求相违背的消极影响。这就是心理咨询过程的“社会性”。

4. 渐进性。人的心理品质的形成与发展是渐进的。同样，不良心理品质的克服与消除也是渐进的，不可能在短时间内完成。因此，心理咨询师与来访者要克服急躁情绪，不能一下子提出过高要求，而要由浅入深、从简单到复杂、由量到质逐步完成。心理过程的“渐进性”要求咨询师具备细致而耐心的品质，要循序渐进、逐步深入帮助来访者。

5. 反复性。任何事物的发展都是曲折的，是螺旋式上升而非直线式前进的。人的心理品质的形成与发展也是如此，不良心理品质的克服与消除更是如此。因此，心理咨询师不能存有一劳永逸的心态，对于来访者出现的反复切不可表现出厌恶、冷漠，更不可批评与指责。心理咨询师还必须注意检查自己的咨询效果，对重点来访者定期回访，巩固咨询效果，同时预防旧病复发。

【心理知识加油站】

● 心理咨询能做的和不能做的分别有哪些？

1. 不能改变现实，但能改变你看问题的视角。生活中不可能只有快乐，没有痛苦，心理咨询当然也不是速效止痛药。对于人们的现实困境，心理咨询其实是一筹莫展的。如果一个人失恋了，很痛苦，咨询师必须承认“失恋当然会痛苦，这很正常，也很自然”。但是，如果这种痛苦太深了、太久了，咨询师就会与你一起分析：为什么这个痛苦会被如此放大呢？它对你有什么更深层的心理意义？为什么你需要久久地抓住它不放？你的故事，咨询师在听，但却是在用眼睛听。他观察你的表情、情绪，以及无意识的动作，分析你在如何说故事，以及故事里的哪些内容是客观事实、哪些内容是你赋予特殊含义的解释。好的咨询师总是在激发你对自己的反思，使你从自己的问题中看到自己。有时候，你受到启发，改变了一个视角，从“我是一个被动的受害人”变成“我是某一个问题的形成者”，这时很多东西就会变得不同了。

2. 不能对你扮演一个“父亲”“丈夫”“精神导师”的角色。假如一个女子从小与父亲感情很深，事事让父亲拿主意；长大后嫁了人，这个“支柱”就由丈夫来承担，遇到问题，她就从丈夫那里得到安慰、支持、指导。后来，丈夫离她而去，痛苦之中的她找到心理咨询师，很自然地会希望咨询师能够像丈夫和父亲那样，告诉她“你最好怎么怎么做”。如果咨询师满足了她需要一个父亲的潜意识，并扮演成一个父亲，她会马上得到很大安慰，并对咨询师充满感激之情。但一个成熟的咨询师不会这样做，当她说“我有一个问题，需要咨询师的意见”或“我有一个烦恼，希望咨询师帮我解决”时，咨询师有可能会显得很无能，甚至很可恶，要么含糊其辞，要么顾左右而言他，反正不会爽快地说出个一二三来。因为如果他扮演了这个角色，来访者就会继续依赖这种关系，失去独立和成长的契机。很多时候，我们就像蛋壳里的小鸡，被某一种行为方式禁锢了自由，心理咨询要做的就是帮助小鸡打碎这层蛋壳，让它来到一个更广阔的天地中。

3. 不能或很难立竿见影。一位女来访者整整哭诉了一个小时，咨询师就耐心地听她哭诉。咨询时间到了，她说：“我还没有说完，能不能延长一会儿？”咨询师说：“下次再来。”到了下次约定的时间，她失约了，倒是她母亲出现在诊所里，问咨询师：“我女儿都说了些什么？”咨询师说：“你可以去问她。”母亲说：“她什么都不肯告诉我，只说，咨询师光是听，而且只肯听一个小时，我找个朋友，还可以随便谈它三五个小时。”实际上，如果她只是哭诉，咨询师就只能当一双好耳朵，提供最基本的心理支持。咨询师必须等待，等待一个时机，等待一个“入口”，等待她过了最初的宣泄阶段，做好领悟的准备，等待她开始投入，此时才能陪她慢慢地成长、慢慢地改变。如果治疗关系在开始时就中断，那就只能是一次失败的咨询，导致来访者没有收获。心理咨询不像内科看感冒，一剂药下去就药到病除。一个最简明的短程治疗也需要2—3次，每次30—45分钟。

4. 不同于与朋友间的倾诉。情绪不好时，我们也会与亲密的朋友进行一番倾心交谈，经常会有很好的效果。心理咨询中那种亲密信任的关系，有时与朋友之间的感觉非常相似，但又不完全一样。你的种种感受与看法会受到咨询师的接纳与尊重，你的隐私绝对被保密；咨询结束，关系立刻中断，没有任何牵扯——这会为倾诉带来很大的安全感和私密性。咨询师的话经常与朋友的话很不一样。假如有一个人告诉咨询师："我想自杀。"他不会说："千万别。"他可能会与你讨论：怎样的自杀方法比较快乐？如果自杀了会解决什么问题？留下什么问题？除了自杀还有别的解决办法吗？当然，与咨询师讨论自杀的人，往往没有真的下定决心采取行动。如果有一个人告诉咨询师："我与一个妓女发生了关系，我很害怕感染艾滋病。"咨询师不会简单地说："赶快去做检查吧！如果是阴性就没事，如果是阳性得赶快治。"那样来访者就被咨询师推进一个更大的危机里。咨询师应该预先考虑到所有的可能性，并帮助来访者做好相应的心理准备：感染的危险到底有多大？来访者有没有足够的支持系统来渡过危机，比如婚姻是否幸福？有没有可靠的朋友？经济状况如何？一旦查出阳性能不能承担医药费？如果是阴性，他是否正处于一种危险的生活方式中等等。

5. 一个咨询师不可能适合所有的来访者。每个咨询师都有他最适合的来访者，一位咨询师就曾说过："我最适合那些与我有相同心理问题的来访者。"就像两个物体，震动频率越接近，就越容易产生共鸣。理想的咨询就像谈恋爱，要双方都找到感觉，在同一频道互动，才会真正产生影响。所以，你在选咨询师，咨询师也在选择来访者。当然，一个咨询师的技术越成熟、经验越丰富，适合的人群范围就会越广。如果一个咨询师非常适合你，那是一种机缘；如果他没有接受你或你没有接受他，也不是谁的错，也许只是两人频道不同而已。

6. 很可能不会让你一直感到满意。很多人对心理咨询有一种误解，认为就像咨询师和来访者坐在一起分糖果，你好我好大家好。其实，有些时候，心理咨询的过程也是很痛苦的。咨询师不会永远让你感到高兴，体验痛苦在心理咨询中也有着重要的意义，因为症结往往就在那里。此外，咨询中有一个很重要的内容，就是讨论与咨询师的关系。不少来访者在咨询过程中对咨询师产生了意见，比如认为咨询师对自己不够关心、对他的某些言行感到愤怒，但却不敢暴露出来，怕得罪咨询师。这样一来，互动受到阻碍，治疗效果就要大打折扣。其实，这些感觉非常重要，要随时让咨询师知道，以此来调整你们的关系。

7. 你是水，咨询师是船，水涨船高。弗洛伊德说："精神分析只能治好有精神分析头脑的人。"大意就是，来访者才是治疗的主体，咨询师只是一个工具，他是被动的、从属的，就像案头的一本字典，需要的时候就去翻一下。一旦形成治疗关系，你必须投入，主动坦承你的困惑与问题，而不是干等着咨询师来做什么，因为如果你不投入，咨询师就只能等待。投入的另一个方面是：一旦你决定找咨询师，接受他的帮助，你就要拥有心理学头脑，在生活中每时每刻努力觉察和分析自己，寻找不一样的处理问题的方法，接受不一样的视角。这些工作不仅要在诊室里做，更要在生活里做。当你面对咨询师时，你要告诉他在新的方法和视角下，面对同样情景时自己内心产生的不同于原来的体验以及由之带来的不同效果，这样才能和咨询师形成良好的互动。其实，心理咨询成功的关键是来访者自身的准备、内在成长的动力和咨询中真正投入的程度。

（三）心理咨询的原则

咨询原则是咨询工作中应遵循的根本要求，是有效地帮助来访者排忧解难、自助自强的基本保证。从不同方面界定，咨询工作有不同的原则，下面我们就从职业要求和咨询活动两方面来认识咨询工作应遵循的原则。

1. 职业要求的原则

心理咨询是一项专业性很强的工作。它既是一门科学，也是一种特殊的职业，在伦理道德等方面有着严格的要求。咨询师必须恪守有关原则，[①] 这是心理咨询的首要前提。

（1）保密原则

心理咨询是人与人之间的心灵沟通，也是人际交流的艺术。当来访者将自己埋藏心底的困惑与苦恼讲述给咨询师听时，他希望对方能理解他的心境，分担他的痛苦，还希望对方不要将自己的隐私和心事告诉他人。因此，保守秘密既是职业道德的要求，也是咨询能有效进行的最起码、最基本的要求。这是心理咨询工作与朋友聊天之间的重要差别，也是专业心理咨询与非专业心理咨询的分水岭。对此，有学者曾提出五条注意事项：A. 来访者的资料绝不能当做社会闲谈的话题。B. 咨询师应小心避免自己有意无意间将个案举例，来炫耀自己的能力和经验。C. 咨询师不应将个案记录档案带离工作场所，在工作场所，亦要小心保管避免放错地方，防止遗失或置于他人可翻阅的地方。D. 咨询师所做的记录不能视之为公开的记录而随便任人查阅。E. 若有需要，传阅资料之前，必须经当事人同意。如果来访者可能危及他人或自己的生命（自杀、他杀等）时，必须与有关人员联系，采取保护措施。此外，基于教学与研究的需要，咨询内容需公开时，必须隐去全部可辨认的来访者信息。

（2）中立原则

咨询师在心理咨询中应始终保持不偏不倚的立场，确保心理咨询的客观与公正，不得把自己私人的情感、利益掺杂进去，保持冷静的、清晰的头脑，同时在咨询过程中，不轻易批评对方，不把自己的价值观强加于对方。

（3）信赖原则

咨询师应以满腔的热情、真诚的态度，从正面、积极的角度审视来访者的问题与错误表现。咨询师应是信任与接纳的化身，若要尊重与接纳每一个来访者，我们必须对人的本质持有积极的信念，相信每个来访者独特的潜能，重视其人性尊严与价值，只有这样，才能相信人的可塑性、可改

---

① 参见郑达因：《军人心理咨询与治疗》，国防大学出版社2011年版，第15页。

变性，才能采取正面、积极的审视态度引导来访者转变与成长。

2. 咨询活动中应遵循的原则

心理咨询过程中对咨询师有一些基本要求，是否遵循这些原则将直接影响心理咨询的有效性。

（1）理解与支持原则

此项原则要求咨询师设身处地地去感受来访者的内心体验，以深刻了解其精神的痛苦和行为的内在动机。从专业角度而言，这种真诚理解是同感的基础。咨询师对来访者的自我反省以及改变的努力给予及时的肯定和支持，可使他们深受鼓舞，从而改变对自我的认识，有助于来访者解开心头的郁结，获得生活的信心。

（2）疏导与启发原则

咨询师应对来访者的失调情绪进行合理疏导，给予适当的安慰，对来访者表现出的积极因素及时给予肯定；同时强调启发性，引导来访者正视自己面临的问题，启发其从多种角度思考问题，自觉领悟、调整、建立新的积极的态度，增强独立性。

（3）耐心持久原则

本原则要求咨询师对来访者的行为转变做长期的思想准备，不因一时一刻的挫折与反复而放弃对来访者的信心。由于心理咨询的弱效性问题，来访者的自我反省与转变会因各种内外界因素的影响而出现反复及言行不一等情况。因此，心理咨询不可能是一日一时之功，需要我们拿出积极的态度与持久的耐心与其沟通。

（4）非指示原则

非指示原则即助人自助原则，要求咨询师在咨询过程对来访者绝对尊重、接纳，竭力推动对方去独立思考，从而强化其自助能力，避免直接出谋划策。人本主义流派认为心理咨询不是一种外部指导或灌输关系，而是一种启发与促进内部成长的关系。要相信每个人都有成长的巨大潜力，可通过咨询激发潜力，不能对来访者的行为简单地进行解释，或者明确告诉他们应该怎么办、不应该怎么办，而应该助其自助。

【心理知识加油站】

如今许多人开始关注自身的心理健康，当他们意识到自己可能有心理疾患时，会主动向心理咨询师求助。但仍有不少人对心理咨询的认识存在一定的局限性，甚至产生一些误解，致使心理问题不能很好地得到解决。

- 心理问题不是精神病

心理咨询在我国是一门起步较晚的新兴学科，人们觉得它有一种神秘感。来访者通常是左顾右盼、鼓足了勇气才走进咨询室，并在咨询师反复保证下，才肯倾吐愁苦；或是绕了很大圈子，才把真实的情况暴露出来。因为在许多人眼里，来咨询的人很可能有什么不正常或有精神病，要不就是有见不得人的隐私或道德品质方面的问题。此外，在中国人的传统观念中，表露出情感上的痛苦是软弱无能的表现，对男性来说尤其如此。以上种种原因，使得很多人宁愿饱受精神上的痛苦折磨，也不愿或不敢前去就诊。其实，心理问题与精神病是两个不同的概念。每个人在成长的不同阶段及生活工作的不同方面，都有可能遇到这样那样的问题，从而导致消极情绪的产生。对这些问题如能采取适当的方法予以解决，个体就能顺利健康地发展；若不能及时加以正确处理，则会产生持续的不良影响，甚至导致心理障碍。心理问题是日常生活中经常会遇到的问题，就这些问题求助于心理咨询并不意味着有什么不正常或有见不得人的隐私；相反，这表明个体具有较高的生活目标，希望通过心理咨询更好地完善自我，而不是回避和否认问题，混混沌沌地度过一生。有相当一部分人认为精神病就是疯子，其实他们所说的精神病严格来讲是重性精神病，如精神分裂症、躁郁症等，这些与一般的心理问题和轻度心理障碍有很大区别。绝大部分精神病患者对自己的疾病没有自知力，更不会主动求医。

- 心理学不会窥见内心

两个久未谋面的老同学在路上不期而遇，其中一个知道对方是心理咨询师，就让他猜一猜自己现在心中在想些什么。许多来访者也有类似的心态，他们不愿或羞于吐露自己的心理活动，认为只要简单说几句，咨询师就应该能猜出他心中的想法，否则就说明咨询师水平不高。其实心理咨询师也是普通人，没有窥见他人内心世界的特异功能，只是应用心理学的理论和方法，对来访者提供的信息进行讨论和分析，并进行咨询与治疗。因此，来访者需要详尽地提供有关情况，才能帮助双方共同找到问题的症结，才能帮助咨询师做出正确的诊断并进行恰当的治疗。

● 心理咨询并非无所不能

许多来访者将心理咨询神化，认为咨询师无所不能，就像一个“开锁匠”，什么样的心结都能一下子打开，所以常常去就诊一两次，没有达到所希求的“豁然开明”的心境，就大失所望，再也不来了。实际上，心理咨询是一个连续的、艰难的改变过程。心理问题常与来访者的个性及生活经历有关，就像一座冰山，积封已久，没有强烈的求助、改变的动机，没有恒久的决心与之抗衡，是难以冰消雪融的。同时，心理咨询并不能有效化解所有的问题，它也有其能做和不能做的工作，严格来说，有许多涉及心理方面的问题都不是单纯的心理咨询能够解决的。

● 心理咨询师不是救世主

一些来访者把心理咨询师当作“救世主”，将自己的所有心理包袱丢给咨询师，认为咨询师应该有能耐把它们一一解开，而自己无需思考、无需努力、无需承担责任。多年来传统的生物医学模式就是，患者看病，诊断、开药、治疗一切由医生说了算，要求患者绝对服从、配合，因此来访者自然而然地把这种旧的医学模式带进心理咨询。然而，心理咨询与心理治疗是新的生物——心理——社会医学模式的产物，心理咨询师只能起到分析、引导、启发、支持、促进来访者改变和人格成长的作用，无权把自己的价值观和愿望强加给来访者，更不能替来访者去改变或做决定。来访者需认识到，真正能拯救自己的只有自己。只有改变自己、战胜自己，最终才能超越自我，达到理想目标。倘若把自己完全交给咨询师，消极被动，推卸责任，只会事与愿违。

● 心理咨询不等于思想工作

来访者中还有另一种极端的认识，就是认为心理咨询没有多大用处，无非是讲些道理，因而忽视或未意识到心理问题是需要咨询、治疗的。一女孩因强迫观念痛苦异常而前去就诊，家人反对并干涉：“你就是钻牛角尖，想开点就会好的。”来访者得不到家人的理解与支持，内心很绝望，从而影响到咨询的连续性和效果。心理咨询作为一门科学，有着严谨的理论基础和诊疗程序，它与思想工作是有本质区别的。思想工作的目的是说服对方服从、遵循社会规范、道德标准及集体意志，而心理咨询则是运用心理学的理论和技巧寻找心理障碍的症结并予以诊断治疗。咨询师持客观、中立的态度，而不是对来访者进行批评教育。另外，某些心理障碍同时具有神经生化改变的基础，需要结合药物治疗，这更是思想工作所不能取代的。

希望来访者能通过上述几个“不等式”了解心理咨询的性质和工作方式，打消顾虑，敞开心扉，积极主动地与心理咨询师配合，帮助自己解除痛苦，建立积极健康的生活方式。

二、心理咨询技巧

心理咨询包括建立关系、确定目标、制定方案、实施咨询和评估效果等内容或过程，每个阶段都有许多不同的方法和技能。在本部分中，我们着重了解如何建立咨询关系以及进行咨询会谈的技巧，因为任何形式或流派的咨询都是以这两方面的技巧作为基础的。

（一）建立良好关系的技巧

咨询关系是指心理咨询师与来访者之间的相互关系。任何心理咨询学派的理论与方法都必须以良好的咨询关系为平台，所以建立良好的咨询关系是心理咨询的核心内容。咨询关系的建立受到咨询师与来访者的双重影响。就来访者而言，其咨询动机、合作态度、自我觉察水平等会在一定程度上影响咨询关系。就咨询师而言，其咨询态度对咨询关系的建立和发展具有更为重要的影响。影响咨询师咨询效果的特质有许多，下面我们重点介绍尊重、共情与积极关注。①

---

① 参见刘志宏：《部队心理咨询工作》，解放军出版社2011年版，第70—77页。

1. 尊重

尊重意味着把来访者作为有思想感情、内心体验、生活追求的独特、自主的个体去对待。尊重应当体现为对来访者现状、价值观、人格和权益的接纳、关注与爱护。心理咨询中的尊重强调无条件的积极尊重，只有如此才能给来访者创造一个安全、温暖的氛围，使其最大程度地表达自己，感到自己受尊重、被接纳，获得一种自我价值感。若想恰当地表达尊重，需要注意以下几点：

（1）尊重意味着完整接纳。咨询师应把每个来访者看作是有人权、价值、情感和独立人格的人，这是互相尊重与平等的前提。尊重意味着接纳一个人的优点和缺点，而不是仅接受来访者的光明面，排斥其消极面。尊重意味着接纳一个价值观和自己不同甚至差距很大的来访者，并与之平等交流。为此，咨询师应充分了解自己的价值观，充分尊重对方的价值观，无论对方身上有多少令人厌恶、痛恨的恶习，都不可表现出不满、反感和厌恶。只有完整地接纳对方，才能建立良好的咨询关系，帮助来访者成长。

（2）尊重意味着一视同仁。无论来访者相貌美丑、地位高低、经济贫富、脾气好坏、年龄大小、性别为何，咨询师都应一视同仁，予以尊重，不能厚此薄彼，轻视或奉承。

（3）尊重意味着以礼待人。对来访者要不嘲笑、不动怒、不贬抑、不处罚。即使来访者的言谈举止有些失礼，也应以礼相待。

（4）尊重意味着信任对方。信任是尊重的前提，缺乏信任就很难做到尊重。有时因为咨询关系还未完全建立，来访者在涉及某些敏感问题时会有所顾虑、掩饰或犹豫。咨询师应予以理解，给予其尊重、理解、温暖来消除顾虑。有的来访者的言语可能会出现矛盾之处，咨询师可协助予以澄清，不可简单地认为是来访者故意不诚实。只有信任才能换来来访者的真诚相待。

（5）尊重意味着保护隐私。对于来访者讲述的秘密、隐私，咨询师应予以尊重、保护，不应随便外传。对于来访者暂时不愿透露且与咨询密切相关的隐私，咨询师应耐心等待，不可强迫讲述。至于与咨询无关或关系不大的隐私，咨询师也不得随便干预，不可出于好奇而去探问。

（6）尊重应以真诚为基础。尊重并不意味着没有原则、没有是非观地一味迁就来访者。咨询时，咨询师可能会遇到不赞成来访者言行的情况。对此，咨询师应在掌握情况的基础上，视咨询关系建立的程度表明自己的意见，否则就违背了真诚的原则。与来访者有不同意见，并非不尊重来访者，也不等于否认他，因为咨询师是对事不对人的。在咨询关系已建立起来的情况下，适度地表达对来访者言行的看法，无损于咨询的进程，反而会起到积极的促进作用。

当然，若咨询师发现自己实在难以接纳来访者，在征得来访者同意后，可以考虑将其转介给合适的咨询师，这也是对来访者的尊重和负责。

2. 共情

共情是指体验别人内心世界的能力。人本主义心理学派认为，共情是影响咨询进程和效果的最关键的咨询特质。它包括三个方面的含义：一是咨询师借助来访者的言行，深入对方内心去体验他的情感、思维；二是咨询师借助于知识和经验，把握来访者的体验与他的经历和性格之间的联系，更好地把握问题的实质；三是咨询师运用咨询技巧，把自己的共情传达给对方，以影响对方并获得反馈。共情在咨询中有着重要的意义，表现在：咨询师能设身处地地理解来访者，从而更准确地掌握情况；来访者会感到自己被理解、接纳，从而感到愉快、满足，这对咨询关系会有积极的影响；促进来访者的自我表达、自我探索，从而达到更多的自我了解并推动双方更深入的交流；对于那些迫切需要获得理解、关怀和情感倾诉的来访者，有更明显的咨询效果。正确理解和使用共情，应注意以下几点：

（1）咨询师走出自己的参照框架并进入来访者的参照框架。咨询师要把自己放在来访者的处境中来尝试感受他的喜怒哀乐，对此感受得越准确、越深入，共情的层次就越高。

（2）咨询师在必要时要验证自己是否做到共情。当咨询师不太肯定自己是否达到共情时，要使用尝试性、探索性的语气来表达，并请来访者确认咨询师是否准确理解来访者的感受。

（3）表达共情要因人而异。对不同来访者给予的共情程度是不同的。一般来说，给予情绪反应强烈的来访者的共情要多于情绪反应稳定的来访者，给予表达比较杂乱的来访者的共情要多于表达清楚的来访者，给予寻求理解愿望强烈的来访者的共情要多于理解愿望平平的来访者。此外，共情应适时适度，不宜在会谈中间随便插入，否则容易破坏情绪。共情反应的程度应与来访者的问题程度、感受程度相适应。过度，会让人感到咨询师小题大做；不足，会让人觉得理解不够。

（4）表达共情要善于使用躯体语言。共情的表达除了言语表达之外，还有非言语行为，如目光、面部表情、身体姿势、动作变化等。有时运用非言语行为来表达共情，会比言语表达更简便有效，咨询中应重视把两者结合起来。

（5）表达共情要善于把握角色。角色把握在共情时显得特别有意义。咨询师要能进能出，切勿使自己完全忘记了自己的角色，从而失去客观性。咨询师应能保持客观公正的立场，防止完全受来访者情绪的影响。咨询师的共情是指体验来访者的内心“如同”体验自己的内心，但永远不要变成“就是”，这是共情的真谛。

（6）表达共情应考虑到来访者的特点和文化背景，应考虑来访者的性别差异和文化背景，采用恰当的言语或躯体表达方式。

3. 积极关注

积极关注是指对来访者的言语和行为的积极面予以关注，从而使来访者拥有正向价值观。积极关注不仅有助于建立咨询关系，促进沟通，而且本身就具有咨询效果。尤其是对于那些自卑感强或因面临挫折而“一叶障目不见泰山”者，咨询师的积极关注往往能帮助他们全面地认识自己和世界，看到自己的长处、光明面和对未来生活的希望，从而树立信心，消除迷茫。为有效地使用积极关注，咨询师在咨询过程中应注意以下几点：

（1）避免盲目乐观。有些咨询师片面理解积极关注的含义，表现出对来访者的过分乐观，导致淡化来访者问题，缺乏对来访者的共情。一般来说，咨询师不应泛泛而谈，而应针对来访者的问题，客观地分析其现有的不足，同时帮助其分析拥有的资源，使来访者从只注意失败面转到客观分析形势，立足于自己的长处和所拥有的资源上来。

（2）反对过分消极。与盲目乐观相反，有些咨询师容易走向另一极端，对来访者的反应过于消极。咨询师应始终立足于给人以光明、希望与力量，这是积极关注的实质。

（3）立足实事求是。积极关注应建立在来访者客观实际的基础上，不能无中生有，否则来访者会觉得咨询师是在用虚言安慰自己，是咨询师无能的表现，这样的积极关注会适得其反。咨询师应善于发掘来访者身上的闪光点、潜力和价值，促进来访者的自我发现与潜能开发，达到个体的全面发展，这是咨询的最高目标。咨询师应把积极关注贯穿于整个咨询过程。

（二）进行会谈的技巧

心理咨询中的会谈技术可分为两大类：倾听性技术和影响性技术。

1. 倾听性技术

倾听性技术也称参与性技术，在心理咨询的会谈中，所谓“倾听”对方的谈话不仅仅是听听而已，咨询师还要借助言语的引导，真正“听”出对方所讲述的事实、所体验的情感、所持有的观念等。① 这种特殊的引导，就是我们所要谈的注意倾听的技巧。

常用的倾听技巧有：开放式问题、鼓励、说明、对来访者感情的反映和总结等。

（1）开放式问题

使用开放式问题是最有用的倾听技巧之一。开放式问题常常运用包括“什么”“怎么”“为什么”等词在内的语句来发问，让来访者对有关的问

---

① 参见［美］约翰·弗拉纳根（John S F）著，陈祉妍等译：《心理咨询面谈技术》，中国轻工业出版社2017年版，第73—87页。

题、事件给予较为详细的反馈，而不是仅仅以“是”或“不是”等几个简单的词来回答。使用开放式问题是打开来访者话匣子的有效方式，可使对方讲出更多的情况、想法、情绪等。

在这类问题中，每一种问题都可能引出对方较为特殊的反应，使咨询师得到想要了解的有关资料。例如：

“能不能告诉我，这事为什么使你感到那么生气?”“能告诉我，你是怎样想的吗?”以“能不能……”“能……”开始的这类问题，可以说是最为开放的问题了，有助于来访者给予自己独特的回答。这类问题一般会得到一个较为满意的答复，但有的来访者也可能会说“不能”或“现在我还不想说”等。如果发生这种情况，咨询师还可以进一步使用其他开放性问题，如“为什么”等。

“那以后又发生了什么事情?”“当时你有些什么反应?”“还有什么人在场?”这种包括有“什么”在内的疑问句，可以帮助咨询师找出某些与问题有关的特定事实资料。

“对这件事你是怎样看的?”“你是怎么知道别人的这些看法的?”这类带“怎么”一词的问题往往会引导出对方对事情经过的描述，当问题涉及对方的想法、看法时，咨询师需要着重关注这些想法、看法。

“为什么你觉得这样做不公平?”“为什么你说别人都看不起你?”“你当时为什么那样做?”使用“为什么”语句的目的是要找出来访者对某事特定看法、情绪背后的原因和思维模式。

咨询师在使用开放式问题时要注意，在此之前应注意发展良好的咨询关系，同时要注意语气、语调的运用，以免显得咄咄逼人。如果来访者此时还不那么信任咨询师的话，连珠炮式的发问可能会使对方产生疑虑甚至对立情绪。另外，有些来访者虽然表面上对问题一一作答了，但其内心可能仍有很大程度的保留。例如同一个问题：“你当时为什么没有把这件事告诉你丈夫呢?”辩论式、进攻式、语气强硬的发问与共情式、疑问式、语气温和的发问会在来访者心里产生两种完全不同的印象，前者会被认为咨询师有反对自己之意，后者则会被认为咨询师是真心实意地想知道事情的真相从而帮助自己。

（2）鼓励和重复语句

鼓励是指对来访者所说的话的简短重复或仅以某些词语，如“嗯”“噢”“是这样”或“后来呢”来鼓励对方进一步讲下去或强调对方所讲的某部分内容。这是最简单的技巧之一，可能因其简单，所以常常被认为是细枝末节而被忽视。然而，正是这一简单的技巧，使咨询师得以进入来访者的精神世界，并且被研究者们认为是成功的咨询师所应具有的特质。这是因为鼓励是一种积极的方式，它能使来访者了解到咨询师在认真地听他讲话，并希望他继续讲下去。

重复语句是鼓励对方的很有效的反应方式，表明咨询师对来访者所说的话中关键词语的注意。这样的鼓励可引导来访者的谈话向某一方向进行。请看下面的例子：

来访者：“人一多我总是非常容易紧张，这回他们都看出我紧张了，他们都会看不起我，我们科那么多人看着我，我紧张得连话都说不好。”在来访者的这段话中，咨询师可以选择作为重复语句的有好几处：“人一多你就容易紧张……”“他们都看出你紧张来了”“他们都会看不起你”等。不同的鼓励可能会使谈话转入不同的话题，不同的话题可能影响咨询的深度，而咨询的深度又可以反映出受鼓励的程度。通过上述反应，一方面可以抓住来访者问题的重心，另一方面也可以表示出对对方的理解。这一鼓励可以引导对方对这一问题进行详细的说明（比如来访者为什么会感到非常难堪——她可能希望自己处处显得大方、自然，希望自己能被科里同事所喜爱，最怕别人看不起自己等）。

可以这样说，每一个哪怕是最简短的鼓励都可以看作是对来访者的一种强化，这种强化会影响来访者进一步谈话的内容。鼓励或重复看上去很简单，但它对来访者的影响却是不容忽视的。

在运用鼓励语句的同时，咨询师还要注意自己身体语言的运用，如专注于对方的神情、倾听的姿势以及点头示意等。专注的神情和倾听的姿势对对方也是一种无声的鼓励，而点头所表示的含义就更为明确了。

（3）说明语句

就是对来访者在谈话中所讲的主要内容及其思想的实质进行复述，简而言之就是对其谈话进行实质性的说明。咨询师可以用自己的词汇对来访者的话进行复述，但某些敏感词汇和一些重要的词语仍以来访者用过的为好。说明语句可以帮助咨询师检查其对来访者问题的理解程度，把一些分散讲出的事情联系起来。咨询师的说明语句也给了来访者重新解释自己思想的机会，同时也促使其重新探索自己的问题，重新思考事物之间的关系。咨询师对问题本质的说明及对关键观点的重复，对于某些需要对一些困难问题做出选择的来访者而言可能更为有益。此外，说明语句在初次会谈中对了解来访者各方面的情况都极为有用。咨询师可以借此机会检查他对来访者所诉说的许多事实的理解程度，澄清、确认一些关键的信息与线索，为进一步的会谈打下坚实的基础。

（4）对感情的反映

仅仅明确一些具体信息与事实对咨询师来说还是不够的。对感情的反应技巧为咨询师提供了一个探查来访者感情卷入程度的机会。一般来说，对来访者感情的反应常常包括这样一些内容："你"或对方的名字和情绪的名称，"你觉得……""你心里感到……"这样的句子。此外，还常有与情绪有关的人物、事件（如"每次你说话时你丈夫若心不在焉你就会感到特别恼火"）。在具体的心理咨询实践中，有时要想把说明语句与对感情的反应区别开来实在是很困难的。对咨询师来说，他对来访者感情的反应也只有借助口头的说明。如果一定要对二者进行区分的话，只能这样理解：说明语句所关心的更多是对事实本质的了解，而对感情的反应则注重对对方情绪情感的认识。二者常常会在咨询师的话语中同时出现。

在运用对感情的反应这一技巧时，首先咨询师自身必须对人类丰富的情感有较好的认识，要能够比较正确地定义某些常见情绪、情感，比如愤怒、恐惧、高兴、悲哀、孤独感等。有时咨询师所面对的来访者可能根本说不清他复杂而丰富的内心体验，只是叙述了某件事，并没有说出他的主观情绪体验，但咨询师却感受到来访者内心的强烈情绪。对于这样的来访者，咨询师就需要能够较准确地对这些情感进行反应，并且能说清对方说不清的情绪体验。能做到这一点，来访者就会深切体验到被人理解的感觉，而咨询师才有可能向着共情的境界迈进。

此外，心理学中对于长时记忆与短时记忆的研究表明，人的记忆是有选择性的，而这种选择性又与人的情感有关。事实上我们所了解、认识、感受的各种事物都与我们当时的情绪、情感有关。许多事情人们都忘了，而某些带有特殊情绪色彩的事件会在人们的记忆中长久保存，重新回忆时仍会有类似于事件发生时的情绪体验。咨询师如果能很好地体察来访者的情绪，那么很多来访者的情绪体验就会成为咨询师了解对方的问题产生的原因，什么是对来访者产生重大影响的重要线索。这样看来，对来访者的情绪，不论是过去的还是现在的，咨询师都要给予准确而及时的反应，使之成为了解对方、打开对方心灵的一把钥匙。

（5）总结

这里的总结与我们日常所理解的总结含义相同。在心理咨询会谈中，总结就是把来访者所谈的事实、信息、情感、行为反应等经过咨询师的分析综合后以概括的形式表述出来。总结可以说是会谈中咨询师倾听活动的结晶。总结有点像穿珠子，把来访者所表述信息的主要内容整理成串，分门别类。总结是咨询师每次会谈必用的技巧之一。当然，总结并非只有在结束会谈时才用，在会谈中咨询师也可以随时运用，只要判定已基本掌握对方所说内容即可。

心理咨询仅靠良好的咨询关系及运用倾听的技巧也可使来访者从中受益，有人认为这是来访者自我成长的过程，这一点毋庸置疑，但却是非常困难的、缓慢的过程。为了能更好地帮助来访者，在咨询过程中咨询师往往还需要使用影响性技术。

2. 影响性技术

影响性技术是指咨询师通过自己的专业理论知识、个人的人生经验等对来访者施加影响的一系列方法技术。影响性技术有很多，在此介绍常用的几种：面质、解释、指导、自我暴露和逻辑推论。[①]

---

① 参见王静：《军人心理咨询的方法与技能》，国防大学出版社 2010 年 5 版，第 84—94 页。

（1）面质

面质又称质疑、对质、对峙、对抗、正视现实等，指咨询师指出来访者身上存在的矛盾行为，包括：言行不一致、理想与现实不一致、前后言语不一致、咨询目标不一致等。毫无疑问，面质会对来访者造成一定的冲击。因此，在咨询中使用面质技术，首先要有事实依据，用事实去冲击来访者不恰当的心理行为；其次，要时刻注意到，咨询是帮助而不是攻击，咨询师要避免个人发泄，应始终保持平和耐心的心态；最后，要注意方式和方法，不能无情攻击。必要时，可用尝试性面质，用询问的语气指出来访者的矛盾之处。当然，面质作为一种影响性技术，是以良好的咨询关系为前提的。

（2）解释

解释是最重要的影响技术，能给来访者提供一种认识其问题和自身的方式。解释还可使来访者的世界观产生认知性的改变。当咨询师运用说明、对感情的反应等技术时，是从来访者的参考体系出发的，而运用解释的技术，则是从咨询师自己的参考体系出发的。来访者前来咨询时，往往有自己解决不了的问题、困难和苦恼，而所谓难以解决和应付，正是从他们自己的参照系出发导致的。

解释有多种多样，常用的有两种：一种是来自不同的心理咨询理论，另一种则是根据咨询师个人的经验、实践与观察得出的。由不同心理咨询理论得出的解释可能会完全不同。

例如一位男性来访者，小时候一直被寄养在农村的亲戚家中，其因姓氏与村中人们不同，常常受到欺负，导致长大后不能很好地与人相处，没有交往很深的朋友。他与别人谈自己感兴趣的事情还可以，若谈的东西自己不太了解就会感到索然无味，于是直接转身离开。他希望改变这种状况，但又不知道问题出在什么地方。

对于这类情况，心理分析式的解释可能要追溯到来访者的童年经历，认为来访者从小与人交往就缺乏安全感，以避开或不与当时村中儿童一起玩耍的方式躲避欺辱。成人后与人交往时，他仍是如此。当别人谈的东西自己不知道时，害怕的心理又占了上风，他因此一走了之。与他人没有深交也源于无意识之中安全感的缺乏。

行为咨询式的解释可能是，与人交往使来访者感到害怕、紧张、焦虑，采取某些逃避措施之后，紧张、害怕的心情有所缓和，焦虑有所减少。他最初是偶然、无意识地这样做，以后则形成条件反射，一有类似的情况出现，就采用同样的逃避措施以减轻焦虑。

认知咨询式的解释则更关心来访者在面对他人时是怎样想的，也就是说关心他的认知结构，认为来访者当时的想法使得他产生了离开人群的行为。他当时的想法可能是：别人聊的东西我不知道，如果别人知道我不懂，他们会怎样看我？我可受不了别人那种看不起我的眼光等等。有了这样的想法，来访者才会产生逃避行为。

当然，对上述理论的解释和分析，可能并非实际咨询中的解释。在实际咨询中，有时解释仅仅是一两句话。如心理分析式的解释，咨询师可能只说：你从小到大与人交往时都缺少安全感。话虽仅有一句，但是出自心理分析的理论模型，把来访者的幼年经历与现在的行为、心理体验联系到一起。

这些解释可以使来访者借助于咨询师提供的帮助，从另一个角度去了解和认识自己及周围事物，这对他来说可能从未想过。而这一角度使他看到全新的世界，可能非常有助于他的认知以及行为、情绪的改变。我们常说“不识庐山真面目，只缘身在此山中”，来访者在其参照系中从未了解到的事情，但借助咨询师的帮助会产生新的认识，这就是解释的作用。

解释应该说是影响性技术中最复杂的一种，即使很有经验的咨询师对解释的应用也是很谨慎、仔细的。有学者认为，对任何一次咨询会谈来说，两个或三个运用得当的解释已经是咨询师最大的限度。对来访者现存的参考体系来说，这是他所能承受的来自外部挑战的上限。解释应用过多会使来访者否认你的才智（你的参照体系），或者可能干脆不再来访。这一点是心理咨询工作者在运用这一影响技术时应特别重视的。

（3）指导

指导被人们认为是最有影响力的技巧。指导简而言之就是告诉来访者做某事。指导最直接的形式是咨询师让来访者干某些事或说某些话，或以某种方式行事。咨询师还可以引导来访者进行想象，指导来访者进行放松训练，教授某些特定的行为方式或使来访者进行自由联想等。这些都是咨询师的指导行为，甚至让来访者完成一定的家庭作业也可归入指导行为的行列。常见的指导技巧包括：指导言语的改变，如把“我必须怎样”改为“我希望怎样”等；特殊的行为建议或指示，如要求行为拖沓者限时完成一件事等；训练性指导，如怎样进行放松训练、决断训练、系统脱敏训练等。在指导时，不要以权威身份强令对方执行，以免引起对方反感而中断咨询。

（4）自我暴露

自我暴露是指把自己个人的有关信息讲出来，使别人知道这样一个过程。自我暴露对咨询师来说是一种有助于与来访者建立相互信任、开诚布公的良好关系的影响技术。有研究表明，咨询师的自我暴露行为可以使来访者的自我暴露增多。若咨询师的自我暴露提供的是与他们自己有关的负性信息的话，来访者会感到更多的共情、温暖和信任，这比仅得到咨询师的正面引导更为有效。数量适中的自我暴露更能吸引对方再次来访。

咨询师的自我暴露有两种形式：一种是向来访者表明自己对其言行问题的体验，另一种则是告诉对方自己过去的一些情绪体验及经历经验。

第一种形式的自我暴露在咨询中经常出现。如咨询师说“我很高兴你不再让别人陪着你，而是你自己一个人坐车来这里了”，当一个患社交恐怖的来访者第一次不用他人陪伴独自出门来到心理门诊时，咨询师以这样自我暴露的方式表明对对方进步的肯定。社会心理学的研究表明，人们喜欢那些喜爱自己的人。像这样，来访者无疑会增加对咨询师的喜爱，这种自我暴露传递给来访者的是积极的信息。当然有时这种暴露也可传达负性信息“我觉得有些失望，你没能完成作业。但我想也许你有你的原因?”对这种形式的自我暴露，咨询师一定要注意，不能只顾表述自己的情绪而不体恤对方的心情。如果能注意到这一点，负性的暴露也能收到良好的功效。在来访者看来，这样的咨询师是一个有血有肉、有感情的人，咨询师表达负性情绪说明咨询师没把自己当外人，而在咨询师表达负性情绪的时候还能体恤理解自己，这样的咨询师更值得信任。这一形式的自我暴露还有“如果我碰到你说的这种事情，我想我也会感到伤心的”。

第二种形式的自我暴露是咨询师谈及与来访者所谈话题有关的过去经验。比如咨询师说：“你说你感到一种可怕的孤独，我可以想象得出，我也有过类似的体验。它使你害怕一个人待着，要出去找一个什么样的人都行。但和其他人在一起时，这种感觉仍不放过你，紧紧抓住你不放……不过，你能说说什么时候这种感觉最容易出现吗?”在这种形式的自我暴露中，咨询师在讲述自己的过去经验时，应注意做到简明扼要，如讲得过于冗长、详细，则会偏离帮助来访者的中心。

咨询师在自我暴露时要注意把握好度，过多与过少都不能起到良好的作用。如咨询师几乎不做任何自我暴露，就有可能也得不到来访者的自我暴露反应；而咨询师自我暴露过多，则可能减少来访者在会谈中可以利用的时间，同时也会降低其对咨询师的信任感。

（5）逻辑推论

这种影响技巧，是咨询师根据来访者所提供的信息，运用逻辑推理的原则，引导来访者认识其思维及行动可能引出的结果。如一对感情很好的夫妇，却常因做饭的事情闹别扭。妻子的单位离家远，工作忙，经常由丈夫做饭。妻子偶尔早回家，也主动张罗做饭的事情，但因技术欠佳，每回辛苦半天做出的饭菜质量都不是很高。于是，丈夫就说：看你那么笨，在厨房那么半天，比我用的时间多一倍，可做的这饭……咨询师引导这个丈夫对其言行进行逻辑推断：“如果你是她，辛辛苦苦忙半天，到头来却受到一顿数落，你心里会怎么想？一定很委屈，觉得好心没好报，下次也不愿再做了……”应该说，逻辑推论也是在为来访者提供另一种思维方式，引导对方从不同的角度、不同的方式思考，预先想到事情发展的可能结果，进而使其意识到自己思维、言行的不妥之处，从而改变之。许多心理疗法如认知行为咨询等，就常常使用这种影响技巧。

【心理知识链接】

● 积极心理学与心理咨询*

积极心理学是20世纪末兴起于美国的一股重要心理学力量。它强调以人的积极力量、善端①和美德为研究对象，强调心理学不仅要帮助那些处于某种“逆境”条件下的人们知道如何求得生存并得到良好的发展，更要帮助那些处于正常环境条件下的普通人学会怎样建立高质量的社会和个人生活。目前关于积极心理学的研究，主要集中在研究积极的情绪和体验、积极的个性特征、积极的情绪对生理健康的影响以及培养天才等方面。积极心理学的兴起对以往主要集中在消极方面心理学研究有很大的影响，特别是对于心理咨询来说，关注的焦点不再仅仅是那些遇到心理问题的人，更包括那些需要更好地发展的人群。本部分将就积极心理学的主要内容及其对心理咨询的影响，进行简单的探讨。

一、积极心理学的内涵及主要观点

积极心理学（positive psychology）是利用心理学目前已比较完善和有效的实验方法与测量手段，来研究人类的力量和美德等积极方面的一个心理学思潮（谢尔登，Sheldon，2001）。积极心理学的研究对象是平均水平的普通人，要求心理学家用一种更加开放的、欣赏性的眼光去看待人类的潜能、动机和能力，提倡用一种积极的心态来对人的许多心理现象做出新的解读，激发人自身内在的积极力量和优秀品质，并利用这些积极力量和优秀品质来帮助人最大限度地挖掘自己的潜力并获得良好生活（方华，2008）。

就研究对象而言，积极心理学的研究分为三个层面：主观层面、个人层面和群体层面（塞利格曼，Seligman，2000）。

---

* 该内容为作者的一篇研究文章，原载于《解放军外国语学院学报》2008年特刊，原文参考文献已略去。

① 善端，善言善行的端始，积极心理学中用来表示善的开始、善的因素的含义。

（一）主观层面

积极的情绪体验是积极心理学极其关注的重点之一。研究表明，人类的各种积极情绪并不是截然分开的，而是具有高度的相关性和一致性，往往在体验到一种积极情绪的同时也会体验到其他的积极情绪。主观层面的研究主要集中在主观幸福感和积极的情绪体验与健康的关系等方面。

1. 主观幸福感

主观幸福感是指个体依据自己设定的标准对其生活的看法和主观感受，是一个多纬度的个性心理特征（丁新华，2004）。其包括生活满意度和情感体验两个基本成分。前者是个体对其生活总体质量的认知评价，即个人对其总体生活满意程度做出的判断和对重要生活领域（如工作、婚姻、学习、健康、人际关系等）满意程度的判断。后者是个体生活中的情感体验，包括积极情感（快乐、愉悦、轻松等）和消极情感（抑郁、焦虑、紧张等）两个方面。

研究表明，个体的人格特征对主观幸福感有影响。外倾的个体对积极事物的反应强于对消极事物的反应，更容易因正面积极的事物而产生积极的情绪体验。另外，财富与主观幸福感之间有一定的关系。许多学者认为，良好的社会支持（友谊、婚姻、家庭）可以使个体获得比较高的主观幸福感，即比较高的生活满意度、积极情感和较低的消极情感（马甜语，2006）。

2. 积极的情绪与健康

研究表明，积极的情绪状态会促进血液中一种免疫抗体的分泌，从而提高机体免疫系统的活动。积极的情绪状态对于当事人的心身状况改善有积极的影响，能促进积极的康复活动（桑德拉，Sandra，2001）。泰勒（Taylor）等人的研究发现，AIDS感染者中，对自身的康复能力抱有超乐观态度的人，症状出现得相对较晚，在康复锻炼中表现更好，生存时间也更长（萨罗夫，Salovev，2000）。

（二）个人层面

个人层面主要是对于人格特质的研究。积极的人格特质是积极心理学得以建立的基础。它的基本理论假设是人类是自我管理、自我导向、具有适应性的整体。积极心理学的宗旨是培养和造就积极人格，将个体的人格优势体现到整个生命过程中。所以，积极人格特质既是积极心理学的基础，也是积极心理学的目标和追求。研究表明，乐观的态度不仅有助于避免抑郁，而且有助于提高健康水平。塞利格曼等人的研究还表明，乐观主要还是后天形成的一种人格特质，它虽然在不同的人身上存在着不同的表现方式，但大部分人可以通过学习形成“习得性乐观”（施耐德，Schneider，2001）。

（三）群体层面

积极心理学认为人及其经验是在环境中得到体现的，也在很大程度上受其影响。从最广阔的环境——进化来讲，进化的环境塑造积极的人类经验。当前这方面的研究主要集中在对人类幸福的环境条件，即影响青少年发展的环境条件、天赋得以体现发挥的环境因素等方面的探讨上，包括健康的家庭、和谐的社区、高效的学校、有社会责任感的媒体等。

对于影响天才发展的环境因素的研究表明，富裕的或有艺术刺激的家庭环境、高智商的父母有助于天才的产生。对于天才的培养，斯腾伯格（Sternberg）等人依据创造力投资理论提出发展创造性潜能的12种策略，如鼓励假设性提问、允许模糊回答、容许犯错误、鼓励对问题定义或重新定义、对创造性的想法和作品进行奖励等（李金珍，2003）。

二、传统的心理咨询

传统心理咨询的主要服务对象是有生活适应问题的来访者，其根本目的是促进他们健康成长和增强适应能力。

传统心理咨询基本沿袭了以往的病理心理学或消极心理学（pathology psychology）模式，把重点放在预防和矫正来访者的各类心理问题上，关注学生在学习生活中产生的问题和困惑，教师常常把学生存在的问题、心理发展中的弱点和缺陷当作工作的出发点与落脚点。只有出现了心理问题的学生才能得到关注和帮助，使心理辅导与咨询工作陷入了被动和片面（朱晓伟，2006）。这种以心理问题为取向，以解决问题为目标的做法，容易使学生认为只有存在心理问题才能去咨询，从而进行消极的自我暗示和印证，在心理上产生排斥和自我防御，对学校的心理咨询室和心理老师敬而远之，生怕过多的接触会让同学误认为自己心理不健康，从而使心理健康教育难于开展、陷入困境（曾秋燕，2007）。

与心理咨询密切相关且不可分割的是心理治疗，国内有学者称其为医学心理咨询。医学心理咨询将当事人的心理问题视作精神障碍的表现，借用医学（特别是精神病学）的术语来描述当事人的心理困难或问题。医学心理咨询的基本策略是以消除当事人的病理变化为主。为达到此目的，常常需要综合采用多种干预手段，包括心理的（认知的、情绪的、行为的）、社会性的（如动员社会支持）和生物学的手段。医学心理咨询中往往还采取多种复杂的心理疗法，有时还需进入当事人的无意识层面。

我们可以看到，传统的心理咨询是典型的以消极心理为基础的咨询模式。但我们知道心理咨询不仅是对疾病和损伤的修复与治疗，更应该是对人类自身潜能和力量的发掘，对个体优秀品质的研究与培养。随着人类社会的发展，对正常人的积极心理的研究越来越引起心理学家的重视。

三、积极心理学对心理咨询的影响

（一）积极心理学对预防和治疗的看法

积极心理学的目标是实现从消极心理学到积极心理学模式的转换，实现从只重视对个体缺陷的弥补、伤害的修复转移到加大对人类自身存在的诸多正向品质的研究和培养上，在此思想的指导下，积极心理学对心理疾患的预防和治疗分别提出独到的见解。

1. 预防

在预防方面，积极心理学提出了积极预防的思想。它认为在预防工作中所取得的巨大进步来自于在个体内部系统地塑造各项能力，而不是修正缺陷。在它的看法中，当一个人处于孕育着抑郁、物质滥用或精神分裂等问题的环境中或其遗传素质较差的情况下，其身上出现上述问题的可能性很大，并且很难预防；但是人类自身存在着可以抵御精神疾病的力量，它们是勇气、关注未来、乐观主义、人际技巧、信仰、职业道德、希望、诚实、毅力和洞察力等。预防的大部分任务将是建造一门有关人类力量的科学，其使命是弄清如何在青年人身上培养出这些品质。积极心理学认为通过发掘并专注于处于困境中的人自身的力量，就可以做到有效预防（苗元江，2007）。单纯地关注个体身上的弱点和缺陷不能产生有效的预防效果，比如心理学对抑郁症的治疗技术已经比以前成熟多了，但抑郁症患者的数量却比以前大幅度增长，而且呈现出低龄化的倾向。因此，积极心理学主张采取积极预防的思想，不能再像传统心理学那样头痛医头、脚痛医脚，既不能从根本上预防各种问题的出现，也不能发展人们心理的积极层面，促进人们真正地成长成才。

2. 治疗

在对心理治疗的看法上，积极心理学认为目前的心理治疗存在三大问题。第一，在心理治疗是否具有效果的研究中，对于各种疗法整体效果的非实验研究所得结果远大于对某一特定疗法效果的实验室研究所得的结果。第二，将两种疗法相比较时，各自的特点倾向于淡化，也就是说，几乎没有一种心理治疗技术在与另一种心理治疗技术相比较时能显示出显著的特定效果，或显示的特定效果很小。第三，在几乎所有的心理治疗和药物的研究中都可以发现明显的“安慰剂”效应。在积极心理学的看法中，技巧是指：关注、权威形象、和睦关系、言语技巧、信任等，并在此基础上形成积极治疗这一思想。其深度策略主要有三种：灌注希望、塑造力量和叙述，其内涵均是增强被治疗者的力量，而不仅仅是修复他的缺陷。比如，心理学家教会人们如何拥有乐观的品质，而不是一味地改正缺陷，就可以有效地预防抑郁和焦虑。已有大量证据表明，治疗师可以帮助来访者应对消极情绪，但却极少有人论证治疗师可以使来访者幸福，但积极心理学却坚信这一状况需要发生改变，通过“积极干预”可以不同程度地减轻受试者的抑郁症状，提高受试者的幸福感（江雪华，2007）。

（二）积极心理学对心理咨询方法的影响

积极心理学强调人必须通过自身积极创造与环境的互动才能建构真实的主体经验，强调事件的多元意义与互动性。这种观点对心理咨询理念产生了直接影响，主要体现在：强调个人正向能力的思考与学习，扬弃病理模式的分析；鼓励个人从叙事的过程中发现自我的存在；建构新的心理健康环境与行为习惯，积极开拓个人视野，从而重塑个人的自尊与自信。

积极心理学注重对力量和优秀品质进行研究，它不仅是关于疾病或健康的科学，也是关于工作、教育、爱、成长和娱乐的科学。积极心理学倡导人类要用一种积极的心态来对人的许多心理现象做出新的解读，通过激发每个人自身所固有的某些实际的或潜在的积极品质和积极力量，每个人都能顺利地走向属于自己的幸福彼岸。对于心理咨询的方法来说，它关注人的优点与价值，促使关注正向激励、聚集问题解决的短期咨询法的出现。

1. 聚焦于问题解决的短期咨询

聚焦于问题解决的短期咨询是一种与来访者个人及家庭共同合作，指向帮助来访者解决发展问题的短期咨询模式（金格里奇，Gingerich，2000），它是由史蒂夫·德·沙泽尔（Steve de Shazer）和茵素·金·伯格（Insoo Kim Berg）夫妇及其同事在 20 世纪 80 年代发展出来的，并因正向思考、省时省力等优点迅速在世界范围内崛起，从而被广泛应用在不同的咨询情境中。该方法的基本理念是：采用正向的、朝向未来的、朝向问题解决的积极观点，它不局限于探求原因或问题取向，而是从来访者已有的成功“例外”入手来促成改变的发生，通过小的改变，引发更大的改变，增强来访者的积极体验。此法类似于管理中的目标设置理论，就像我们在日常生活中，将希望达到的目标分解成具体可操作的容易实现的小目标，从而一步步从小的成功迈向大的成功。

2. NLP 简快心理疗法

NLP 即身心语法程序学，是关于人类行为与沟通程序的一套详细可行的模式。NLP 简快心理疗法注重人的内在潜力及自我价值的提升，实施起来简便、快速、有效，为心理咨询提供了新的方法。该方法具有以下特点：其焦点在于解决问题，而不是探究问题；强调引导来访者去创造未来景象，不主张深究来访者的“过去”；运用催眠、暗示等方式与潜意识沟通，形成有效的沟通技巧；形成一系列可操作的心理咨询技巧。

NLP 疗法有助于缩短心理咨询的时间，有效且效果相对持久；能有效激发潜意识而无需药物，能帮助来访者实现自我提升；同时 NLP 使用的语言模式有助于咨询者掌握一套有效思考和询问的技巧，简便易学（陈永琴，2005）。

3. 整合的方法

积极心理学关注人的积极层面，但不是说不关注那些已经存在的消极问题，而是更关注成长。因此，在咨询方法上也注重多种方法的综合使用，以有利于来访者更好的成长为出发点，不拘泥于传统心理咨询的一些条条框框，灵活运用各种方法来促进来访者得到更好的发展。

积极心理学并不是一个新的心理学科，而是将关注点放在心理健康和良好的心理状态方面，以促进个人、群体和整个社会发展完善和自我实现的科学。在这一点上，与以往关注问题为中心，以修复来消除人类心理问题而达到健康为己任的消极心理学是相对立的，积极心理学更强调研究人性的优点和价值，是对消极心理学的批判继承（崔丽娟，2005）。因此，积极心理学不仅寻求发展心理学的理论，而且更加关注人类社会的发展；不仅谋求个人的幸福，而且更加关怀全人类的福祉。虽然积极心理学本身的发展中也存在一些问题，如如何辨正地看待消极心理以及如何看待文化差异等，但积极心理学唤起人们对积极心理的关注，对于心理咨询、心理学的发展以及人类的幸福都有着非常重要的意义。

三、心理测验指南

心理测验是根据一定的法则和心理学原理，使用一定的操作程序对人的认知、行为、情感等心理活动的量化。心理测验是心理测量的工具，通过心理测验，人们可以了解自己的情绪、行为模式和人格特点等。心理测验包含的内容很多，如自陈式量表测验、投射测验、他者评价等，量表测验是我们最常遇到的。而提到量表测验，人们经常会想到问卷调查，许多人经常分不清楚这两个问题。量表测验与问卷调查的确有许多相同之处，不同的只是严格程度不一。量表是经过标准化的测量工具，一个量表的编制需要做许多的数据收集工作，涉及信度和效度检验，以及经过长期检验等。因为严格，所以所得数据相对更加准确。而问卷就是一堆问题的集合，制作难度相对较低，其准确程度也相对较低。在本部分中，我们将为读者介绍几种常见的心理量表，[①] 以期为读者了解心理测验，并通过量表评估自己心理状况提供便利。

（一）症状自评量表

该量表是诊断心理健康状况最常用的量表之一，主要反映生理和心理的一些症状，具有较高的信度和效度。

指导语：以下列出你可能会遇到的一些病痛或问题，请仔细阅读每条，然后根据最近一星期以内，下列问题影响你或使你感到苦恼的程度，在相应选项上划“√”。请不要漏掉问题。

测试项目（1 = 没有，2 = 很少，3 = 中等，4 = 偏重，5 = 严重）

1. 头痛。 ……………………………………………… 1 2 3 4 5
2. 神经过敏，心中不踏实。 ………………………… 1 2 3 4 5
3. 头脑中有不必要的想法或字句盘旋。 …………… 1 2 3 4 5
4. 头晕或晕倒。 ……………………………………… 1 2 3 4 5
5. 对异性兴趣减退。 ………………………………… 1 2 3 4 5
6. 对他人求全责备。 ………………………………… 1 2 3 4 5
7. 感到别人能控制自己的思想。 …………………… 1 2 3 4 5
8. 责怪别人制造麻烦。 ……………………………… 1 2 3 4 5
9. 忘性大。 …………………………………………… 1 2 3 4 5
10. 担心自己衣饰的整齐及仪态的端庄。 ………… 1 2 3 4 5
11. 容易烦恼和激动。 ……………………………… 1 2 3 4 5
12. 胸痛。 …………………………………………… 1 2 3 4 5
13. 害怕空旷的场所或街道。 ……………………… 1 2 3 4 5

① 参见郭念锋：《国家职业资格培训教程 · 心理咨询师（三级）》，民族出版社 2005 年版，第 191—198 页。

14. 感到自己精力下降、活动减慢。 …………………… 1 2 3 4 5
15. 想结束自己的生命。 ……………………………… 1 2 3 4 5
16. 听到别人听不到的声音。 ………………………… 1 2 3 4 5
17. 发抖。 ……………………………………………… 1 2 3 4 5
18. 感到大多数人不可信任。 ………………………… 1 2 3 4 5
19. 胃口不好。 ………………………………………… 1 2 3 4 5
20. 容易哭泣。 ………………………………………… 1 2 3 4 5
21. 同异性相处时感到害羞、不自在。 ……………… 1 2 3 4 5
22. 感到受骗、中了圈套或有人想抓住自己。 ……… 1 2 3 4 5
23. 无缘无故地突然感到害怕。 ……………………… 1 2 3 4 5
24. 无法控制地发脾气。 ……………………………… 1 2 3 4 5
25. 害怕单独出门。 …………………………………… 1 2 3 4 5
26. 经常责怪自己。 …………………………………… 1 2 3 4 5
27. 腰痛。 ……………………………………………… 1 2 3 4 5
28. 感到难以完成任务。 ……………………………… 1 2 3 4 5
29. 感到孤独。 ………………………………………… 1 2 3 4 5
30. 感到苦闷。 ………………………………………… 1 2 3 4 5
31. 过分担忧。 ………………………………………… 1 2 3 4 5
32. 对事物不感兴趣。 ………………………………… 1 2 3 4 5
33. 感到害怕。 ………………………………………… 1 2 3 4 5
34. 感情容易受到伤害。 ……………………………… 1 2 3 4 5
35. 感到他人能知道自己私下的想法。 ……………… 1 2 3 4 5
36. 感到别人不理解自己、不同情自己。 …………… 1 2 3 4 5
37. 感到大家对自己不友好、不喜欢自己。 ………… 1 2 3 4 5
38. 做事必须做得很慢以保证做得正确。 …………… 1 2 3 4 5
39. 心跳得厉害。 ……………………………………… 1 2 3 4 5
40. 恶心或胃部不舒服。 ……………………………… 1 2 3 4 5
41. 感到比不上别人。 ………………………………… 1 2 3 4 5
42. 肌肉酸痛。 ………………………………………… 1 2 3 4 5

43. 感到有人在监视自己或谈论自己。 ……………… 1 2 3 4 5
44. 难以入睡。 ……………………………………… 1 2 3 4 5
45. 做事必须反复检查。 …………………………… 1 2 3 4 5
46. 难以做出决定。 ………………………………… 1 2 3 4 5
47. 怕乘公交、地铁或火车。 ……………………… 1 2 3 4 5
48. 呼吸有困难。 …………………………………… 1 2 3 4 5
49. 一阵阵发冷或发热。 …………………………… 1 2 3 4 5
50. 因为感到害怕而避开某些东西、场合或活动。 … 1 2 3 4 5
51. 脑子变空了。 …………………………………… 1 2 3 4 5
52. 身体发麻或刺痛。 ……………………………… 1 2 3 4 5
53. 喉咙有梗塞感。 ………………………………… 1 2 3 4 5
54. 感到没有前途、没有希望。 …………………… 1 2 3 4 5
55. 不能集中注意力。 ……………………………… 1 2 3 4 5
56. 感到身体软弱无力。 …………………………… 1 2 3 4 5
57. 感到紧张或容易紧张。 ………………………… 1 2 3 4 5
58. 感到手或脚发沉。 ……………………………… 1 2 3 4 5
59. 想到死亡的事。 ………………………………… 1 2 3 4 5
60. 吃得太多。 ……………………………………… 1 2 3 4 5
61. 当别人看着自己或谈论自己时感到不自在。 …… 1 2 3 4 5
62. 有一些让自己都感到吃惊的想法。 …………… 1 2 3 4 5
63. 有想打人或伤害他人的冲动。 ………………… 1 2 3 4 5
64. 醒得太早。 ……………………………………… 1 2 3 4 5
65. 反复洗手、数数或触摸某些东西。 …………… 1 2 3 4 5
66. 睡得不安稳、不沉。 …………………………… 1 2 3 4 5
67. 有想摔东西或破坏东西的冲动。 ……………… 1 2 3 4 5
68. 有一些别人没有的想法或念头。 ……………… 1 2 3 4 5
69. 感到对别人神经过敏。 ………………………… 1 2 3 4 5
70. 在商店或电影院等人多的地方感到不自在。 …… 1 2 3 4 5
71. 感到任何事情都很困难。 ……………………… 1 2 3 4 5

72. 感到一阵阵恐惧或惊恐。 ………………………… 1　2　3　4　5
73. 感到在公共场合吃东西很不舒服。 ……………… 1　2　3　4　5
74. 经常与人争论。 ……………………………………… 1　2　3　4　5
75. 单独一人时神经很紧张。 ………………………… 1　2　3　4　5
76. 感到别人对自己的成绩没有做出恰当的评价。 … 1　2　3　4　5
77. 即使和别人在一起也感到孤单。 ………………… 1　2　3　4　5
78. 感到坐立不安、心神不宁。 ……………………… 1　2　3　4　5
79. 感到自己没有什么价值。 ………………………… 1　2　3　4　5
80. 感到熟悉的东西变得陌生或不像真的。 ………… 1　2　3　4　5
81. 大叫或摔东西。 ……………………………………… 1　2　3　4　5
82. 害怕会在公共场合晕倒。 ………………………… 1　2　3　4　5
83. 感到别人想占自己的便宜。 ……………………… 1　2　3　4　5
84. 为一些有关“性”的想法而感到苦恼。 ………… 1　2　3　4　5
85. 觉得应该为自己的过错而受到惩罚。 …………… 1　2　3　4　5
86. 想赶快把事情做完。 ……………………………… 1　2　3　4　5
87. 感到自己的身体有严重问题。 …………………… 1　2　3　4　5
88. 从未感到和他人很亲近。 ………………………… 1　2　3　4　5
89. 觉得自己有罪。 ……………………………………… 1　2　3　4　5
90. 觉得自己的脑子有毛病。 ………………………… 1　2　3　4　5

计分方法：采用1—5级五级计分，选1计1分，2计2分，后类同。

分析统计指标

总分：

A. 总分是90个项目所得分之和。

B. 阳性项目数：单项分≥2分的项目数，表示受测者在多少项目上有“症状”。

总分超过160分，或阳性项目数超过43项，可能不健康，需引起关注。

因子分：

任一因子超过2分，可考虑筛选阳性，需要进一步检查。

该量表包括9个因子，每一个因子反映出当事人某方面症状的严重程度，通过因子分可了解症状分布特点。

因子分 = （组成某一因子的各项目总分）/组成某一因子的项目数

9个因子含义及所包含项目为：

1. 躯体化：包括1、4、12、27、40、42、48、49、52、53、56、58，共12项。该因子主要反映身体不适感，包括心血管、胃肠道、呼吸和其他系统的主诉不适，以及头痛、背痛、肌肉酸痛和焦虑的其他躯体表现。

2. 强迫症状：包括3、9、10、28、38、45、46、51、55、65，共10项。主要指那些明知没有必要，但又无法摆脱的无意义的思想、冲动和行为，还有一些比较一般的认知障碍的行为征象也在这一因子中反映。

3. 人际关系敏感：包括6、21、34、36、37、41、61、69、73，共9项。主要指某些不自在与自卑感，特别是与其他人相比较时更加突出。在人际交往中的自卑感、心神不宁、明显不自在，以及在与人交流中的自我意识敏感和消极的期待等是这方面的典型症状。

4. 抑郁：包括5、14、15、20、22、26、29、30、31、32、54、71、79，共13项。苦闷的情感与心境为代表性症状，以生活兴趣的减退，动力缺乏，活力丧失等为特征。反映失望、悲观以及与抑郁相联系的认知和躯体方面的感受，还包括有关死亡的想法和自杀观念。

5. 焦虑：包括2、17、23、33、39、57、72、78、80、86，共10项。一般指那些烦躁、坐立不安、神经过敏、紧张以及由此产生的躯体征象，如震颤等。测定游离不定的焦虑及惊恐发作是本因子的主要内容，还包括一些解体①感受的项目。

6. 敌对：包括11、24、63、67、74、81，共6项。主要从思想、感情及行为三个方面来反映敌对的表现。其项目包括厌烦的感觉、摔物、争论

① 解体，心理学名词，常用作人格解体，是自我意识障碍的一种，狭义解释指患者感到自己已经脱离自身，变得不真实，似乎不存在的不愉快体验。广义解释还包括现实解体、躯体解体和情感解体的体验等。参见林崇德、杨治良、黄希庭：《心理学大辞典》，上海教育出版社2003年版，第985页。

直到不可控制的脾气暴发等。

7. 恐怖：包括 13、25、47、50、70、75、82，共 7 项。恐惧的对象包括出门旅行、空旷场地、人群或公共场所和交通工具。此外，还有反映社交恐怖的一些项目。

8. 偏执：包括 8、18、43、68、76、83，共 6 项。本因子是围绕偏执性思维的基本特征而制定的，主要指投射性思维、敌对、猜疑、关系观念、妄想、被动体验和夸大等。

9. 精神病性：包括 7、16、35、62、77、84、85、87、88、90，共 10 项。反映各式各样的急性症状和行为，有代表性地表现为较隐讳、限定不严的精神病性过程的指征。此外，也可以反映精神病性行为的继发征兆和分裂性生活方式的指征。

此外，还有 19、44、59、60、64、66、8、9，共 7 个项目未归入任何因子，分析时将这 7 项作为附加项目或其他，作为第 10 个因子来处理，以便使各因子分之和等于总分。

（二）焦虑自评量表

焦虑是对外部事件或内在想法与感受的一种不愉快的体验，通常包括主观上紧张不安的体验、行为上的运动不安以及植物神经系统唤起症状，如惊恐、无助感、思想慌乱、睡眠不良、心悸、多汗等。焦虑是由个体对危险或威胁的预感所诱发的，但这种危险或威胁往往并不真实存在。如果焦虑主要是针对某种特定的情境，并且程度恰当，可视为正常的反应；如果焦虑是自由浮动的、泛化的，或程度过强，则成为一种异常或病理状态。

指导语：以下列出人们在工作或生活中可能会出现的一些情况，请仔细阅读每一条，然后根据你最近一星期的实际情况在适当的数字上划勾，“1”表示没有或很少时间有；“2”是小部分时间有；“3”是相当多时间有；“4”是绝大部分或全部时间都有。

测试项目：

1. 我觉得比平常容易紧张和着急。	1	2	3	4
2. 我会无缘无故地感到害怕。	1	2	3	4
3. 我容易心里烦乱或觉得惊恐。	1	2	3	4
4. 我觉得我可能将要发疯。	1	2	3	4
5. 我觉得一切都好，不会发生什么不幸。	1	2	3	4
6. 我手脚发抖打战。	1	2	3	4
7. 我因头痛、颈痛和背痛而苦恼。	1	2	3	4
8. 我感觉容易衰弱和疲乏。	1	2	3	4
9. 我觉得心平气和，很容易安静地坐着。	1	2	3	4
10. 我觉得心跳得很快。	1	2	3	4
11. 我因一阵阵头晕而苦恼。	1	2	3	4
12. 我有晕倒发作，或觉得要晕倒似的。	1	2	3	4
13. 我吸气、呼气都感到很容易。	1	2	3	4
14. 我手脚麻木，有刺痛感。	1	2	3	4
15. 我因胃痛和消化不良而苦恼。	1	2	3	4
16. 我常常小便。	1	2	3	4
17. 我的手常常是干燥温暖的。	1	2	3	4
18. 我脸红发热。	1	2	3	4
19. 我容易入睡并且一夜都睡得很好。	1	2	3	4
20. 我做噩梦。	1	2	3	4

计分：

采用1—4级四级评分，主要评定项目为所定义症状的出现频度，选1计1分，2计2分，后类同。

其中，第5、9、13、17、19为反向计分，即选1计4分，选2计3分，选3计2分，选4计1分。

该量表以总分作为主要统计指标。计分后，将20个项目的得分相加，即得粗分，经过下式换算，Y = int（1. 25x），即用粗分乘以1. 25以后取整数部分，就得到标准分。

标准分小于50分为无焦虑；

标准分大于等于50分且小于60分为轻度焦虑；

标准分大于等于 60 分且小于 70 分为中度焦虑；

标准分大于等于 70 分为重度焦虑。

（三）抑郁自评量表

抑郁是一种复杂的负性情绪体验，以主观的痛苦感为核心成分，表现在个体的情感、心境、认知、生理症状等多方面，如悲观、失败感、不满、社交退缩、犹豫不决、食欲下降、睡眠障碍、厌倦、敌意等。每个人都会有一些抑郁性的体验，而在持续和严重的情况下，抑郁就可能成为一种精神障碍。抑郁与个体的人格特点有关，但很大程度上受社会因素的影响，如家庭环境压抑、人际关系紧张、多次经历失败等。

指导语：以下列出人们可能会有的问题，请仔细阅读每一条，然后根据最近一星期以内下述情况影响你的实际感觉，在每个问题后选出该题的程度得分。其中，“从无或偶尔有”选 1，“很少有”选 2，“经常有”选 3，“总是如此”选 4。

测试项目：

1. 我感到心情沮丧、郁闷。	1	2	3	4
2. 我感到早晨心情最好。	1	2	3	4
3. 我要哭或想哭。	1	2	3	4
4. 我夜间睡眠不好。	1	2	3	4
5. 我吃饭像平时一样多。	1	2	3	4
6. 我的性功能正常。	1	2	3	4
7. 我感到体重减轻。	1	2	3	4
8. 我为便秘烦恼。	1	2	3	4
9. 我的心跳比平时快。	1	2	3	4
10. 我无故感到疲劳。	1	2	3	4
11. 我的头脑像往常一样清楚。	1	2	3	4
12. 我做事像平时一样不感到困难。	1	2	3	4
13. 我坐卧不安，难以保持平静。	1	2	3	4
14. 我对未来感到有希望。	1	2	3	4
15. 我比平时更容易被激怒。	1	2	3	4

续表

16. 我觉得决定什么事很容易。	1	2	3	4
17. 我感到自己是有用的和不可缺少的。	1	2	3	4
18. 我的生活很有意义。	1	2	3	4
19. 假若我死了，别人会过得更好。	1	2	3	4
20. 我仍旧喜爱自己平时喜爱的东西。	1	2	3	4

计分：

该量表由20个条目组成，每一个条目相当于一个有关症状，按1—4级四级评分，选1计1分，选2计2分，后类同。

其中第2、5、6、11、12、14、16、17、18和20题为反向记分题，即选1计4分，选2计3分，选3计2分，选4计1分。

该量表以总分为主要统计指标。计分后，将20个项目的得分相加，即得粗分，经过下式换算，Y = int（1.25x）；即用粗分乘以1.25以后取整数部分，就得到标准分。

标准分小于53分为无抑郁；

标准分大于等于53分且小于63分为轻度抑郁；

标准分大于等于63分且小于73分为中度抑郁；

标准分大于等于73分为重度抑郁。

四、心理危机干预

（一）心理危机干预概述

心理危机是指由于突然遭受严重灾难、重大生活事件或精神压力，生活状况发生明显的变化，尤其是出现了用现有的生活条件和经验难以克服的困难时，当事人陷于痛苦、不安的一种状态，并常伴有绝望、麻木不仁、焦虑，以及植物神经症状和行为障碍等。[①] 在人的一生中难免会遇到

① 参见季明宏、张应二：《军人心理危机干预的原理与实践》，国防大学出版社，2010年版第1页。

各种意外情况，无论是心理疾患的逐步积累，还是面临不可预知的突发事件，都有可能引发人们的心理危机。如果心理危机处理不当，会产生严重心理障碍，对个体的工作和生活带来诸多不便。因此，进行心理危机干预具有重要意义。

心理危机干预是指向处于心理危机状态的个人及时给予适当的心理援助，使之尽快摆脱困难的活动。心理危机不同于一般性心理问题，在遇到这类问题时，首先，要立即采取必要措施保障其生命安全；其次，迅速请专业心理咨询师或相关机构进行心理危机干预，力避不懂装懂、胡乱引导，以免造成严重后果。

1. 引起危机的常见原因

常见原因有急性残废或急性严重疾病；恋爱关系破裂；突然失去亲人（如父母、配偶或子女）或朋友，如亲人或朋友突然死亡或关系破裂；失去爱物；破产或重大财产、住房损失；重要考试失败；晋升失败；严重自然灾害，如火灾、洪水、地震等。

2. 心理危机的正常应对阶段

每个人对严重事件都会有所反应，但不同的人对同一性质事件的反应强度和持续时间不同。一般的应对过程可分为三个阶段：第一阶段（立即反应），当事人表现麻木、否认或不相信；第二阶段（完全反应），感到激动、焦虑、痛苦和愤怒，也可有罪恶感、退缩或抑郁；第三阶段（消除阶段），接受事实并为将来做好计划。危机过程不会持续太久，如亲人或朋友突然死亡的居丧反应一般在6个月内消失，否则应视为病态。

3. 心理危机的特征

（1）通常为自消性，于1—4周内消失。

（2）在危机期，个人会发出需要帮助的信号，愿意接受外部的帮助或干预。

（3）预后取决于个人的素质、适应能力和主动作用，以及他人的帮助或干预。

4. 心理危机干预的主要目的

（1）防止过激行为，如自杀、自伤或攻击行为等。

（2）促进交流与沟通，鼓励当事人充分表达自己的思想和情感，鼓励其树立信心和做出正确的自我评价，提供适当建议，促进问题解决。

（3）提供适当医疗帮助，如处理昏厥、情感休克或激惹状态等。

5. 心理危机干预的原则

（1）迅速确定要干预的问题，强调以目前的问题为主，并立即采取相应措施。

（2）必须有其家人或朋友参加危机干预。

（3）鼓励陷入危机者保持自信，不要让其产生依赖心理。

（4）把心理危机作为心理问题处理，而不要作为疾病进行处理。

（二）危机前的心理危机预防

传统的介入式危机干预模式，注重心理危机发生时通过及时介入，避免自伤或伤及他人，帮助个体渡过危机状态，尽快恢复心理平衡。事实上，社会大众甚至部分心理学工作者对心理危机干预的感性理解也是如此。传统的介入式危机干预模式存在一些问题。首先，危机发生的时间带有不可预测性，及时介入在实践上存在不少困难；其次，当心理危机产生时，已经对个体造成心理损伤，此时的危机干预措施都是补救性的。虽然心理危机的发生具有不可预测性，但心理危机干预并非不可先行一步。因此，传统的介入式危机干预，应该向预防性的危机干预模式转变，强调在危机前对相关人员进行危机意识和心理健康的教育，使人们在面临突发事件时有充分的准备，尽量降低心理危机产生的可能。

预防性危机干预模式对普通人预防心理危机具有重要作用，对于技术人员而言更是意义重大。在执行某些急难险重任务之前就进行相应的心理危机干预，可有效降低技术人员在执行任务中心理危机的发生率。心理危机发生前的预防性危机干预措施主要包括：

1. 建立心理档案，掌握技术人员心理健康状况。突发事件是导致技术人员心理危机的外在因素，但我们也应该看到，暴露在相同事件下的技术人员，并非都会产生心理危机。以突发性事故为例，产生严重心理损伤，以致丧失工作能力的情况只发生在少数技术人员身上。也可以这样说，较差的心理素质、缺乏应变能力，才是产生心理危机的内在原因。因此，通过建立心理档案，掌握心理状况，对技术人员的心理素质进行甄别筛查，有针对性地展开训练，是提高技术人员心理品质的前提。

2. 加强心理素质培养，提高技术人员心理品质。心理危机的产生一般有两个途径：一是正常状态下，个别技术人员因心理疾患逐步加剧，负面心理和情绪不断累积，不堪重负而产生心理危机；二是在突发事件的巨大压力下，个别技术人员心理失衡，从而产生心理危机。无论是哪种情况，心理品质的优劣都是心理危机产生的根本之所在。虽然我们无法预知突发事件，但心理品质却可以在日常的生活和训练中逐步提升。通过严格的训练、战场环境模拟训练、心理行为训练、日常心理保健教育等，可提高技术人员的心理品质，进而从根本上减少心理危机的发生。

3. 加强心理危机相关知识教育。战前或遂行多样化任务前，应该有针对性地开展危机教育。心理危机，产生的可能性不大，但一旦发生，对技术人员的心理损伤却比较大。如果处理不当，还容易产生心理污染，对整个集体产生不良影响。因此，日常训练中，就有必要对技术人员开展相关心理危机的教育训练，使技术人员了解心理危机的一般知识，具备识别心理危机状态的一般能力，掌握心理危机自我调适的一般技能。在战前或遂行多样化任务前开展危机教育，应包括任务环境介绍、可能面临的心理压力、如何自我调适或求助等。

4. 建立心理危机干预系统。在心理危机发生之前，就应该建立心理危机的各级干预系统，包括心理危机的发现和初步鉴别、多样化的心理危机干预途径、效果评估和危机后心理支持等。目前，技术人员的心理服务工作体系正在建设中，心理危机干预应该成为技术人员心理服务工作系统的重要组成部分。

（三）常见心理危机及其干预

1. 躯体疾病时的心理反应

（1）急性疾病时的心理反应

A. 焦虑。当事人感到紧张、忧虑、不安；严重者感到大祸临头，伴发植物神经症状，如眩晕、心悸、多汗、震颤、恶心和大小便频繁等，并可有交感神经系统亢进的体征，如血压升高、心率加快、面色潮红或发白、多汗、皮肤发冷、面部及其他部位肌肉紧张等。

B. 恐惧。当事人对于自身疾病，轻者感到担心和疑虑，重者惊恐不安。

C. 抑郁。心理压力可导致情绪低落、悲观绝望，对外界事物不感兴趣，言语减少，不愿与人交往，不思饮食，严重者甚至会出现自杀观念或行为。

（2）慢性疾病时的心理反应

A. 抑郁。多数人心情抑郁沮丧，尤其是性格内向的当事人，可能会产生悲观厌世的想法，甚至出现自杀观念或行为。

B. 性格改变。如总是责怪别人、责怪医生未尽心治疗，埋怨家庭未尽心照料等，故意挑剔或常因小事勃然大怒。他们对躯体方面的微小变化颇为敏感，常提出过高的治疗或照顾要求，因此导致医患关系及家庭内人际关系的紧张恶化。

干预原则为积极的支持性心理治疗结合药物治疗，应最大程度减轻其痛苦，选用药物时应考虑疾病的性质、所引起的问题，以及当事人的抑郁、焦虑症状。以癌症患者为例，如出现疼痛症状时可用吗啡，出现抑郁症状时用抗抑郁药，出现焦虑症状时用抗焦虑药处理。

特别注意：凡涉及药物使用的需有专业医生或有医生执业资格的治疗师开具处方，无处方时不可私自购买药物自行服用。

2. 恋爱关系破裂

失恋可引起当事人严重的痛苦和愤懑情绪，有的可能采取自杀行为，或者把爱变成恨，攻击恋爱对象或所谓的第三者。干预原则为与当事人充分交谈、给予支持、避免其伤人与自伤行为。应指出恋爱和感情不能勉强，也不值得殉情。生活经验和理论研究都表明，失恋之后肯定还有机会找到自己心爱的人。对拟采取攻击行为的当事人，应防止其发生攻击行为，并指出这种行为的犯罪性质及可能带来的严重后果，因此既要防止当事人自杀，也要阻止其鲁莽攻击行为。这类行为一般持续时间不长，给予适当的帮助和劝告可使当事人顺利渡过危机期。危机期过后相当长一段时间内，当事人可能认为世界上的女人（或男人）都不可信，产生很坏的想法，但这不会严重影响其生活，而且随着时间的推移，这种想法会逐渐淡化。

3. 婚姻关系障碍

夫妻感情破裂的结局多是离婚，如果双方都能接受，不会引发危机，否则可能引发危机。

（1）夫妻间发生临时冲突。当事人如受当时情绪的影响使矛盾激化，可能引发冲动行为，甚至凶杀。干预原则为暂时分居，等待双方冷静思考并接受适当的心理辅导。咨询师应帮助夫妻双方认识到冲突的根源问题及应对方法，防止以后类似冲突的再次发生。

（2）夫妻间存在长期持续性矛盾。其原因包括彼此不信任、一方有外遇、受虐待、财产或经济纠纷等。这些可能使双方（尤其是女方）产生头痛、失眠、食欲不振和体重下降、疲乏、心烦、情绪低落等问题，严重者会出现自杀企图或行为。干预原则为尽量调解双方矛盾，否则离婚是必然结局。对有自杀企图者应预防其自杀，可给予适当药物改善睡眠、缓解焦虑和抑郁情绪等。

4. 亲人死亡的悲伤反应（居丧反应）

与死者关系越密切的人，产生的悲伤反应也就越严重。亲人如果是猝死或是意外死亡，如突然死于交通事故或自然灾害，引起的悲伤反应最重。

（1）急性反应。在听到噩耗后陷入极度痛苦中，严重者情感麻木或昏厥，也可出现呼吸困难或窒息感，或者痛不欲生、呼天抢地地哭叫，或者处于极度的激动状态。干预原则为将昏厥者立即置于平卧位，如血压持续偏低，应静脉补液。处于情感麻木或严重激动不安者，应给予药物注射，使其进入睡眠状态。当居丧者醒后，应表示同情，营造支持性气氛，逐步减轻其悲伤。

（2）悲伤反应。在居丧期可能会出现焦虑、抑郁，或自认为对死者生前关心不够而感到自责或有罪，脑子里常浮现死者的形象或出现幻觉，难以坚持日常活动，甚至不能料理日常生活，常伴有疲乏、失眠、食欲降低和其他胃肠道疾病症状。严重抑郁者可产生自杀企图或行为。干预原则为让居丧者充分表达自己的情感，给予支持性心理治疗，也可用药物改善睡眠，减轻其焦虑和抑郁情绪。对于自杀企图者，应有专人监护。

（3）病理性居丧反应。悲伤或抑郁情绪持续 6 个月以上，有明显的激动或迟钝性抑郁，存在幻觉、妄想、情感淡漠、惊恐发作，或活动过多而无悲伤情感、行为草率或不负责任等。干预原则为适当的心理治疗和抗精神病药、抗抑郁药、抗焦虑药治疗等。

5. 破产或重大经济损失

破产或重大经济损失可使当事人极度悲伤和痛苦，感到万念俱灰而萌生自杀的想法，并进一步采取自杀行动。干预原则是与当事人进行充分交流，提示其自杀并不能挽回已经发生的经济损失，只有通过再次努力才能重建新生活。如果通过语言交流不能使当事人放弃自杀企图，应派专人监护，防止其采取自杀行动。渡过危机期后，当事人可能逐渐恢复信心，可能在较长一段时间内出现情绪低落、失眠、食欲降低或其他消化道症状，可给予支持性心理治疗或建议服用适量抗抑郁类药物。

6. 重要考试失败

对个人具有重要意义的考试失败可引起痛苦的情感体验，通常表现为退缩、不愿与人接触，严重者也可能出现自杀行为。干预原则为对自杀企图者采取措施，防止不当行为的发生。发生这类情况的大多是年轻人，他们可塑性大，危机过后大多能重新振作起来。

7. 晋升失败

偶有自杀或攻击行为，主要是对将来感到悲观或觉得无脸见人，有时因愤懑情绪而产生攻击行为，如认为自己的晋升失败是某人作梗所致，因而对其施行攻击或凶杀。干预原则为防止自杀和攻击行为，与当事人进行充分交谈，让其发泄自己的愤怒情绪，并给予适当的劝告。

（四）心理危机干预的方法

心理危机干预是一项专业性和实践性都非常强的工作，这一工作对专业的心理咨询师来说也是一个巨大挑战，与一般的心理咨询服务相比，心理危机干预对咨询师的专业素质要求更高、更科学、更规范。它要求咨询师具备多种专业理论和专业技术、完善的人格特征、丰富的人生经验，同时熟悉干预的工作规范。

心理危机干预的方法有很多，以下介绍常用的两种：危机干预六步法和危机干预七步模型。①

1. 危机干预六步法

首先，确定问题。从当事人角度，确定和理解他所认识的问题。

其次，保证当事人安全。在危机干预过程中，咨询师要将保证当事人安全作为首要目标，简单来说，就是将自我和他人的生理与心理危险性降到最低。

第三，给予支持。强调与当事人的沟通和交流，使当事人了解咨询师是其能够完全信任、给予其关心帮助的人。

第四，提出并验证可变通的应对方式。咨询师要让当事人认识到，有

---

① 参见季明宏、张应二：《军人心理危机干预的原理与实践》，国防大学出版社，2010 年版第 101—128 页。

许多应对方式可供选择，其中有些选择比别的选择更为合适。

第五，制订计划。咨询师要与当事人共同制订行动计划来矫正其情绪的失衡状态。

第六，得到承诺。让当事人复述所制订的计划，并从当事人那里得到明确按照计划行事的保证。

2. 危机干预七步模型

主要用于帮助处于急性心理危机、急性情境性危机和急性障碍的人群，包括七个步骤：

首先，彻底的生物心理社会评估和危机评估。涉及对于危险性的迅速评估，包括自杀、杀人或暴力的危险性、药物治疗需要、积极和消极的应对策略、毒品和酒精滥用情况评估。

其次，迅速建立友善的治疗关系。咨询师向对方表示你的尊敬和接纳是这一步的关键。要极力迎合当事人的话题，并保持中立和不做评判，尽量确保个人观点不表露出来。保持冷静，并使局面处于自己的掌控之内。

第三，识别问题。用开放性的问题让当事人用自己的语言解释和描述他（她）所遇到的问题，这样便于咨询师了解问题的真相。能够感受到咨询师的关注和理解，这对于当事人来讲非常重要，而且有利于双方友善、信任关系的建立。有效识别当事人的能动性和应对资源，包括对其以往有效应对策略的辨别。

第四，用积极的倾听技巧来处理感情和情绪问题。咨询师利用鼓励性的语言，如“啊”“哦”等，让当事人感到你正在仔细聆听，这些口头的反馈在电话干预中尤其重要。除此之外，反应、解释、情绪定性等都是可使用的技巧。反应包括重复当事人所说的话、所表达的感情和想法；解释包括用咨询师自己的语言来重复当事人的话；情绪定性包括总结出隐含在当事人话语中的情感，如“你听起来非常生气”等。

第五，通过识别当事人的能动性和以前成功的应对机制，探索出可供选择的方法。咨询师和当事人的合作能使潜在的应对资源和可供选择的范围更为广阔。因此，咨询师的创造性、灵活性和应变能力是成功干预的关键。

第六，贯彻行动计划。咨询师应在限制性最小的模式下帮助当事人，使当事人感到有自主性。这些步骤中重要的环节包括识别可供联系的人和转介资源，以及提供应对机制等。

第七，反复商讨计划并达成一致。咨询师应与当事人达成一致，共同确定能使危机得到有效解决的计划。

—— 第三部分 ——

心理案例分析

为做好技术人员心理疏导及轻度心理困扰干预，促进其心理健康发展，筑牢心理防线，我们多次组织专业人员到一线技术单位进行心理状况调研。在广泛现场调研和问卷调查的基础上，我们对技术人员的职业心理特点和存在的问题有了初步的了解。在本部分中，我们以案例的形式梳理出七类技术人员常见心理问题，并针对问题提出对策建议，为受相关问题困扰的技术人员提供借鉴。

一、主动适应工作变动

案例1　新人入职

人物素描

董××，男（18岁），新入职人员，现在单位基地接受统一训练。他从小在城市长大，生活顺利，是家人的掌上明珠，个性要强，活泼开朗。

我怎么处处都不适应

小董入职训练一月有余，对集体生活极不适应。每天从早晨起床到晚上熄灯，集合、站队、穿衣、吃饭、训练、学习等，一切活动都要踩着钟点，都必须在规定的时间内完成，一环扣一环，一步赶一步，稍不留神，就会落后，就会出错，出错就要挨训。小董感觉自己哪都不适应，紧张、焦虑，十分苦闷。

专家把脉

新人入职，自然环境、人文条件的改变以及紧张艰苦的工作环境必然使他们感到不适应，造成紧张、苦闷。特别是对那些从小娇生惯养的孩子来说，这个适应过程更显得异常痛苦。通常情况下，新入职的一周到两个月之间，心理的不适应表现得最为集中、明显，需要及时加以引导调适，以使新人能够迅速适应工作的环境和生活，顺利地过好入职第一关，为走好人生路打下坚实的基础。

专家建议

新人入职的不适应主要表现为对紧张生活的不适应、对艰苦训练的不适应、对严格纪律的不适应等方面。针对这些情况，我们要及时了解他们遇到的问题，掌握他们心理的变化，做好调适引导工作。

一要指导他们尽快学会有序的生活。工作虽然紧张，但却井然有序，有规律可循。经过较长时间训练与适应的前辈虽然同样生活于紧张之中，却能够应付自如、驾轻就熟，并没有太多的紧张感，就是因为他们已经适应了有序的生活。要教给新人工作单位的常识，使他们尽快熟练地掌握各种要领，了解一日生活的秩序和规律，增加预见性、主动性，做到忙而不乱，紧而有序，紧张心理就会消失。

二要严而有度、循序渐进。从学生到合格职员的转变需要一个适应过程，中间有很长的一段路要走，严格的训练和管理是实现这一转变的必要条件。但是，在严格训练、严格管理过程中要把握好度，科学地分解目标，循序渐进，分步实施，避免操之过急，要求过严过高，超过新人的生理和心理承受能力。

三要安排好新人的物质文化生活。越是训练紧张，越要调剂好伙食，安排好休息时间，组织好文体活动，做到劳逸结合，张弛有度，这样可促使新人更好地适应工作和生活。

四要积极疏导，及时化解矛盾。新人在入职培训的过程中经常会出现一些矛盾，要随时了解和掌握他们的心理变化，积极疏导，及时解决，以防止矛盾积压。

案例 2　大材小用

人物素描

王××，男，(27 岁)，某局助理工程师，东南某城市出生。父亲为政府工作人员，母亲为中学教师。2008 年毕业于上海某知名大学，硕士学历。在校期间成绩较好，曾担任班级学习委员。他入职后到某训练基地进行了为期一个半月的入职训练，因急需执行某专项任务，故训练结束后便直接回单位工作，未接受其他形式的入职教育和训练。

听听他的那些心事

小王喜欢宽松自由的工作环境，渴望有足够的时间和空间来处理一些个人事务，不习惯单位的坐班制度，尤其是对单位习惯性加班的做法很不理解。加班还可以忍受，最让他郁闷的是工作内容。他本来很有志向，希望到单位干一番“大”事业，但到了单位后，领导每天给他安排的都是一些琐碎的事情，或是一些基础性的工作，他觉得这些工作完全用不着一个研究生来做，感到自己的才能在这里得不到发挥，很憋屈。很多时候，他好不容易提出一个自我感觉很不错的建议，可到领导那儿却得不到采纳。

小王现在觉得干什么都没意思，也不想去上班，整天浑浑噩噩地混日子，可年纪轻轻的，这么混下去也不是个事，所以他考虑离职。

专家把脉

小王的问题是初入职大学生进入单位工作后较多面临的适应问题。他们大部分人习惯了大学松散式的管理模式，很难理解单位工作的纪律规定。另外，小王对工作的期望太高，稍有不如意，就想着放弃现有工作，而不是积极面对，像小王这样的情况，许多刚参加工作的年轻同志遇到过。

专家支招

首先，既来之，则安之，踏踏实实工作。作为新人，在心中应时刻应有这样一个信念："既然选定了远方，就注定要风雨兼程；既然选择了这个单位，就应该勇于奉献"；"如果要挖井，就要挖到出水为止"，应以高度的使命感、强烈的责任感对待自己选择的职业。接受自己的身份，扮演好自己的角色，认同自己所从事的工作。刚工作时，切忌眼高手低，上不着天下不靠地，不愿做小事只想做大事的浮躁心理。只要先把小事做好，别人自然会看在眼里，以后才有更多的机会垂青于你。如果能把所有平凡的事情做好，你也就不平凡了；把所有简单的事情都做好，你也就不再简单了。

其次，准确认识自己，把握自我定位。在实际生活中，每个人心中都有一个"理想我"，这是人们不断完善自身的目标，与此同时，人们还必须正确面对和勇于接受现实中的我。每当人们有意无意把"理想我"和"现实我"进行比较时，就会发现二者之间的差距。如何看待这一差距很关键，乐观的人会把差距看成动力，悲观的人则像案例中的主人公小王那样，会把这种差距作为否定"现实我"的依据。

第三，建立良好的人际关系，获得更多社会支持。适应能力的判断在一定程度上依赖于一个人在新的环境中能否于短时间内建立属于自己、值得信任的人际交往圈。众所周知，"人"字的结构是由一撇和一捺支撑着的。的确，正像"人"字的结构一样，生活中谁都离不开他人的关心和支持。要改善人际关系，赢得更多的社会支持，不妨这样做试试看：

（1）学会听取别人的意见，尊重领导或集体做出的决定；（2）要自信，相信自己是有价值的人；（3）善于帮助别人，懂得换位思考；（4）练习自我表达的能力，让别人认识、了解自己；（5）多参与社会活动，不必希求立即获得回报。

【心灵物语】

满盈者，不损何为？慎之！慎之！——朱舜水

【心理小故事】

- "水上漂"的故事

一个博士被分到一家研究所工作，成为这个所里学历最高的人。有一

天他到单位后面的小池塘去钓鱼，正好正副所长在他的一左一右，也在钓鱼。“听说他俩也就是本科学历，有啥好聊的呢?”这么想着，他只是朝两人微微点了点头。不一会儿，所长放下钓竿，伸伸懒腰，“蹭蹭蹭”从水面上如飞似地跑到对面上厕所去了。博士眼睛睁得眼珠子都快掉下来了:“水上漂?不会吧?这可是一个池塘啊!”所长上完厕所又“蹭蹭蹭”地从水上漂了回来。“怎么回事?”博士刚才没去打招呼，现在又不好意思去问，自己可是博士呐!过了一阵，副所长也站起来，也“蹭蹭蹭”地漂过水面上厕所了。这下博士更是差点昏倒:“不会吧，我到了一个江湖高手云集的地方?”过了一会，博士也内急了。这个池塘两边有围墙，要到对面上厕所得绕十分钟的路，而回单位上又太远，怎么办?博士也不愿意去问两位所长，憋了半天后，也起身往水里跨，心想:“我就不信这本科学历能过的水面，我博士就不能过!”只听“咕咚”一声，博士栽到了水里。两位所长赶紧将他拉了出来，问他为什么要下水，他反问道:“为什么你们可以走过去?而我就掉水里了呢?”两位所长相视一笑，其中一位说:“这池塘里有两排木桩子，由于这两天下雨涨水，桩子正好在水面下。我们都知道这木桩的位置，踩着桩子就过去了。你不了解情况，怎么也不问一声呢?”

任何人都不喜欢骄傲自大的人，这种人在与他人合作中也不会被大家认可。你可能会觉得自己在某个方面比其他人强，但你更应该将自己的注意力放在他人的强项上，只有这样，你才能看到自己的肤浅和无知。团队中的任何一位成员，都可能是某个领域的专家，所以你必须保持足够的谦虚。谦虚会让你看到自己的短处，这种压力会促使你在团队中不断进步。其实，人和人没有本质上的区别，就像一句谚语中说的那样:“光滑的瓷器来自泥土，一旦破碎就归于泥土。”再高的学历也只代表过去，而只有学习能力才能代表将来。尊重有经验的人，才能少走弯路。

正如一个人初到一个新的单位，没有方向是很正常的，但要学会尊重同事，虚心求教。刚到单位，所有的工作对你来说都是陌生的，因此多向同事求教是快速进步的方法。要有一种从零做起的心态，放下架子，尊重同事，不论对方年龄大小，只要比你先来单位，都是你的老师，你只有虚心请教，不断学习，埋头苦干，才能尽快融入集体、适应工作。

【心理小测试】

心理适应性的强弱关系到我们能否工作得愉快、生活得幸福。你知道自己的应变弹性如何吗？下面一组测试题将给你一个明确的回答。

（1）你着急赴约，中途却被拥挤的交通所阻，你会……

A. 变得急躁不堪，同时想象等候者恼火的样子。

B. 设想等候者会体谅你是不得已而迟到。

C. 很着急，但觉得想也无益，干脆不去想了。

（2）一件很重要的东西不见了，这时你会……

A. 疯狂地掀起地毯来搜索。

B. 急忙把那些可能的地方找一遍。

C. 不动声色地对最近一段时间的行为做一番仔细回顾。

（3）你向来用钢笔写字，现在要你换圆珠笔书写，你会……

A. 感到别扭。

B. 有时有点不顺手。

C. 感觉与用钢笔没什么差别。

（4）你在大会上演说的姿态、表情、条理性及准确性与你在单位里平时讲话相比怎样？

A. 显然要逊色多了。

B. 说不准，看具体的情况而定。

C. 基本上没什么差别。

（5）工作任务紧，夜里临时加班，尽管你做了努力，但工作效率总不如那些和你一样加班的人高，是吗？

A. 对。

B. 说不上。

C. 不是这样的。

（6）你手头的项目已临近最后的截止日期，你会……

A. 开始错误百出。

B. 心中暗急，但仍勉力维持正常状况。

C. 变得更有效率了。

（7）在与人激烈争吵了一番以后，你会……

A. 转回到工作上，但有时难免出神。

B. 唠叨个不停，工作量递减。

C. 不受影响，继续专心工作。

（8）你出差或旅游到外地，住进招待所、旅馆，睡在陌生的床铺上，你会……

A. 有时失眠。

B. 失眠得很厉害，连调一种睡眠姿势，换一个枕头也会引起新的失眠。

C. 和在家感觉没什么差别。

（9）参加一个全是陌生人的聚会，你会……

A. 有时感到不自在，有时又能从这样的状态中摆脱出来，与人相谈甚欢。

B. 先灌几杯酒让自己放松一下。

C. 立即加入最活跃的一群，热烈讨论。

（10）有人劈头盖脸给了你一顿指责，你会……

A. 在当时就还了几句，但不怎么中要害。

B. 一下子懵了，过后才去想当时该如何进行反击。

C. 头脑清醒，冷静而适度地予以回击。

（11）你事先给一位朋友打电话预约登门拜访，他答应届时恭候，可当你如约前往，他却有急事出去了。这时，你会……

A. 有些不满，但既来之，则安之。

B. 嘀咕不已。

C. 充分利用这一空档，为自己下一步要做的事计划一番。

（12）只有在安静的环境中才能读书，外面喧哗嘈杂之时，你会分心吗?

A. 视热闹的程度而定。

B. 是的。

C. 不，坐在集市货摊之间也照读不误。

计分：

1—6 题选 A 计 0 分，选 B 计 1 分，选 C 计 3 分。

7—12 题选 A 计 1 分，选 B 计 0 分，选 C 计 3 分。

所有项得分累加即为总分。

结果分析：

分数为 25—26：心理适应性强

你“游刃有余”，常能将生活中的各种压力化之于无形；你过得心情愉快，这种精神品质有利于你的心理平衡与健康，你是个生命力强的人。

分数为 13—24：心理适应性中等

事物的变化及刺激不会使你失魂落魄，一般情形下你都能做出相应的适度反应，可是如果事件比较重大、比较突兀，那你的适应期就要拖长。了解这种情况后，最好预先准备，锻炼自己的快速适应能力。

分数为 0—12：适应能力差

你对世界的变化、生活的摩擦很不习惯，但只要意识到了，还是有希望改善此种状况的。你要在心理上具备顺应时事变化的快速反应能力，不要将自己拘禁在惯有模式中。

案例 3　给单调的工作调色

人物素描

陆××，男（19 岁），某局新招保安。城市长大，从小家庭条件优越，未受过大的挫折或磨砺。高中毕业后直接参加工作。目前在局部从事值班站岗工作。

除了站岗就没有别的事了吗

从分到局里之后，除了基本的训练，他每天主要的工作就是站岗。自述除了站岗还是站岗，每天对着大门口，看着街上人来人往、匆匆忙忙的，觉得大家都比自己充实、自己真是没意思，像个机器一样，内心很是苦闷、无聊！

专家把脉

工作性质决定了其主要任务是维护单位的安全，相比其他工作少了些许挑战，生活也略显单调。对于正处在青年期的职员来说，出现这种枯燥、无聊的心态也是可以理解的。

专家建议

事物都是一分为二的，如果换种生活环境，像军人那样天天进行严酷的训练，年轻人可能更加无法适应。如果能换一个角度看问题，我们的心境就会豁然开朗。对小陆来说，首先要正确认识不同岗位的职责。岗位有不同，职责有区别，但对奉献的要求是一样的。站岗的工作看似简单，实则意义重大，关系到单位的物资和人员安全，因此一定要认真细心、尽职尽责。其次，要学会调适放松心情。站岗的工作虽说辛苦，但强度并不是非常大。要学会在非当班时间调适放松自己的身心，可以看看书、听听音乐，或者做一些运动，这些对身心都是非常有益的。第三，合理利用时间，变劣势为优势。许多保安觉得整天站岗不如在其他部门锻炼自己，其实这是一种片面的看法。由于不像其他工作那么忙，我们的保安有更多的时间可以用来学习和提高自己。这么充足的时间是其他单位所没有的，要合理利用宝贵的时间给自己充电，这样自己将来才会有更多的选择机会。如果不知道珍惜拥有，天天抱怨，除了让自己心情郁闷外，还会耽误大好前程。

案例 4　年轻人的焦虑

A. 人物素描

洪××，男（28 岁），某局助理工程师。所学专业为单位急需专业，到单位后也很快被委以重任，承担某重点课题。

过分焦虑怎么办

因该课题的重要性，各级领导十分关注，小洪也认真工作、勤勤恳恳。他工作了两年，所做课题也快到结项时限，这时各级领导特别是上级主要领导多次询问课题的进展情况，这让小洪感到压力很大。随着课题时限的逼近，小洪越来越焦虑。近一段时间，小洪经常失眠，白天也是精神恍惚、注意力不集中。

B. 人物素描

陈××，男（27 岁），某局助理研究员。工作一年，勤奋认真，各方面表现良好，被单位授予年度先进工作者称号并获嘉奖。

干不好怎么办

基于小陈的良好表现，科长觉得他是个好苗子，于是亲自推荐，由科里讨论决定将一重要项目交由其负责。小陈得知这件事，急忙推辞，说害怕做不好让领导失望，也在同事面前丢面子。在科长的一再坚持和鼓励下，小陈勉强接受了任务。在工作中，他吃不下饭、睡不好觉，总是担心自己做不出来，做出来的也不一定符合要求，符合要求也不一定能得到领导的表扬与认可……于是他又去找科长说干不了。

专家会诊

担心完不成任务而导致的焦虑，心理学上称作“预期焦虑”，它是由于担心、害怕不能达到目标或不能克服障碍，自尊心和自信心受挫，失败感、内疚感增强，从而形成的一种紧张不安的持续性精神状态。这种消极主观体验往往是在经常遭受失败和挫折、自信心不足、对自己期望过高等多种因素作用下产生和形成的。有的技术人员遇到失败和挫折，形成严重的心理负担，一旦接受新任务，外界稍加施，就会坐卧不安；有的技术人员缺乏自信，不能全面认识完成任务的条件，往往只看到眼前暂时的困难和挫折，看不到克服困难的有利条件，因而产生种种担心；还有的技术人员为满足自己的虚荣心，接受一些超出自己能力之外的任务，完成不了自然会焦虑不安。一个人的情绪如果长时间处于焦虑之中，他的精神活动就会受到压抑，遇事往往不自信，接受任务时易打“退堂鼓”，从而影响自己能力的发挥，影响工作和人际交往的质量，也影响自己的成长与进步。

树立自信心，对于克服“预期焦虑”非常重要。一个人如果想要获得成功，先决条件就是自信。一个充满自信的人，会觉得世间没有不可克服的困难，没有弥补不了的缺陷，没有学不会的技能，只要把握住自己，就能干好每一件事。生活中不是因为有些事情难以做到，我们才失去信心，而是因为我们失去信心，有些事情才难以做到。

专家支招

给大家提供几种常用的方法。

自我暗示法。自我暗示的作用在于通过主观想象或自信某些特殊的人、事、物的存在，达到改变行为和主观经验的目的。当我们对完成某项任务感到焦虑时，用一些积极的语言，如“我能行”“别人能做到的，我也能做到”等反复暗示自己，并想象或自信自己必定能完成任务，且完成得很好，这样就可减轻焦虑，对增强自己的自信心也会有一定的帮助。

寻找力量法。人物传记和成功励志的书，能够帮助我们找到勇气和力量，从而增强自信心。“天生我材必有用”，许多成功人物曾经历过信心不足、迷茫挫败等打击锤炼，又经过成功的滋润。书籍中经常运用许多事例，从各个角度阐明、分析取得成功的正确观念和态度，以及一些成功的技巧。读这些书，对于增强自信心是有益的。

自我分析法。每个人都有自己的长处和优点，为增强自信，可以有意识、实事求是地分析一下自己，充分挖掘自己的潜能和优势。一是分析原因。当你感到自卑、缺乏自信时，应多方面分析原因。各人条件不同，追求目标不同，通过分析就不会因一时、一方面不如人而失去自信心了。二是列举成就。从小时候到现在，每个人都有过大大小小的成功，把它们统统列举出来，哪怕是一个小小的成绩也不放过。比如，考上中学，考上大学；有门课的成绩开始不怎么好，后来赶上去了；当了学生干部；获得某项比赛的好名次；学会骑自行车、摩托车；某次交友成功了；得到家长或领导的表扬等。花点时间，仔细回顾，如数家珍般一件件列举出来。看着这些成就，你可能会很惊讶，原来自己也获得过这么多成功。成功的体验将使你自信心倍增。三是反比优势。选一个年龄相仿的成功者做反比对象。列出自己的特长、爱好和才能，比如打球、跑步、绘画、下棋、唱歌、跳舞、交际、某种技艺、吃苦耐劳的精神、机灵、幽默等，再从自己的优势中找出反比对象不如你的地方，看到成功者不如你的地方，也会增长你的自信心。

案例5　工作的恐怖

人物素描

王××，男（27岁），某局助理工程师。从小父母离异，与母亲一起生活，母亲对其管教特别严格，做事小心翼翼、谨小慎微。

害怕工作

自己工作中的一个失误，导致整个工作流程受阻，为此被领导批评。实际上，领导只是给予一般警告性批评，但对他本人影响较大，从此更加害怕工作中出现失误，精神过度紧张，反倒使工作更容易出错，于是每天胆战心惊，久而久之，对工作产生恐惧心理，一到工作单位就脸色发白，浑身出虚汗，不能再正常参加工作。

专家把脉

小王的问题其实是工作适应问题导致的对工作的恐惧。心理学认为，适应是心理健康的标志之一。对于刚参加工作的年轻技术人员来说，暂时对工作不适应是正常的，也不必大惊小怪，更不必自责和恐惧。但小王由于性格的原因，不仅在心理上，而且在生理上也出现了一些症状。

专家支招

对小王而言，加强对工作的适应性便可逐渐消除对工作的恐惧。首先，要加强个人的自信心。实践证明，一个人对新环境的适应有一个过程，但一般不存在不能适应的问题，只有适应得快与慢之分。所以，对小王来说，在一时的不适应面前，千万不要气馁，要敢于对自己说“我行”。只有自信，才能充分挖掘自身的潜能，改变原有的思维方式和行为习惯，进而提高对工作环境的适应能力。处于青年时期的技术人员，身体健康、反应敏捷、接受能力强，正处于人生的黄金时期，只要有坚定的信心，就一定会很快适应新生活。其次，要掌握规律，以缓解心理压力。适应新环境的过程，是对新环境生活习惯的熟悉过程。单位的工作，尽管正规、严格，但却是有章可循的。工作上的事情，只要用心，很快就会掌握。同时，保持良好的人际关系，也会促使自己快速融入工作群体。第三，要学会放松，以减轻心理压力。尽可能多地参加集体活动，学会张弛之道。要善于利用双休日和工作的间隙，参加一些文化娱乐活动，减轻自己的心理压力。

【心理小故事】

小明洗澡时不小心吞下一小块肥皂，他的妈妈慌慌张张地打电话向家庭医生求助，医生说："我现在还有几个病人在，可能要半小时后才能赶过去。"

小明妈妈说："在您来前，我该做什么？"

医生说："给小明喝一杯白开水，然后用力跳一跳，您就可以让小明用嘴巴吹泡泡消磨时间了。"

（放轻松些，生活何必太紧张？事情既然已经发生了，不如坦然自在地面对。担心不如宽心，瞎紧张不如穷开心。）

案例 6　批评可以这样看

人物素描

张××，男（26 岁），某局机关干部，三个月前从处机关调到局机关。

干了也白干

刚开始小张对工作很有信心，科长交办的事情，不管分内分外，都尽心尽力地去做，经常加班加点干到深夜两三点，从无怨言。他原想着自己会得到科长的赏识和表扬，可科长不但从没表扬过他，还经常批评他工作不够认真，办事效率太低，这让小张很沮丧。上个月小张找科长谈了一次，讲了自己的想法。科长说是给他压担子，批评的目的是为了让他进步。可小张却不这么看，总觉得科长对他有意见，给他"穿小鞋"，认为自己再怎么干也是白搭。小张现在压力很大，吃不下，睡不好，整日无精打采，一天到晚想着这件事情，特别烦恼，但却一直憋在心里，不愿跟别人提起。

专家把脉

小张工作岗位转换后，还没有完全适应机关高效率、快节奏的工作特点，由此感到工作压力大，总觉得领导对自己有意见，与领导处理不好关系，加之过于封闭自己，导致心理压力过大，心思完全陷入这个困境中出不来。

专家支招

一是正确看待领导的批评。其实领导给你压任务，说明领导相信你能干好工作。对于领导的批评，要多从自身找原因，不要无端猜疑、怨天尤人，否则可能会影响工作，还有可能阻碍个人的成长与进步。

二是心态要平和，不要急于求成。路遥知马力，日久见人心，勤劳刻苦地工作，总有一天会改变现状。即便领导对自己的有些批评不是很合理，也不要抱怨，而要相信，只要自己踏实认真地做好工作，总有一天会得到领导的认可。

三是与大家多交流。平时多与自己信任的同事聊聊天，多向有经验的同事学习，同时可向他们诉说一下心中的烦恼和工作中的困惑，寻求同事的帮助，这样会使自己尽快适应工作，完成好任务。

【心理小故事】

● 做一棵永远成长的苹果树

一棵苹果树，终于结果了。

第一年，它结了10个苹果，9个被拿走，自己得到1个。对此，苹果树愤愤不平，于是自断经脉，拒绝成长。第二年，它结了5个苹果，4个被拿走，自己得到1个。“哈哈，去年我得到10%，今年得到20%！翻了一番。”这棵苹果树心理平衡了。

但是，它其实还可以有另外的路可以走，比如继续成长。

同样，第一年，它结了10个苹果，9个被拿走，自己得到1个。但是第二年，它结了100个果子，被拿走90个，自己得到10个。很可能，它被拿走99个，自己得到1个。不过没关系，它还可以继续成长。

第三年结1000个果子……

其实，得到多少果子不是最重要的。最重要的是，苹果树在成长！等苹果树长成参天大树的时候，那些曾阻碍它成长的力量都会微弱到可以忽略。真的，不要太在乎果子，成长是最重要的。

启示：你是不是一个已“自断经脉”的年轻干部？

刚开始工作的时候，你才华横溢、意气风发，相信“天生我材必有用”。但现实很快敲了你几记闷棍，或许，你为单位做了大贡献但却没人重视；或许，只得到口头重视但却得不到实惠；或许……总之，你觉得自己就像那棵苹果树，结出的果子只享受到很小一部分，与你的期望相距甚远。

于是，你愤怒、懊恼、牢骚满腹……最终，你决定不再那么努力，让自己的所做去匹配自己的所得。几年过后，你一反省，发现现在的你已经没有刚工作时的激情和才华了。

“老了，成熟了。”我们习惯这样自嘲。但实质是，你已停止成长了。

这样的故事，在我们身边比比皆是。之所以会犯这种错误，是因为我们忘记了生命是一段历程、一个整体，总觉得自己已经成长过了，现在到该结果子的时候了。我们太过在乎一时的得失，而忘记了成长才是最重要的。好在，这不是金庸小说里的“自断经脉”。我们随时可以放弃这样做，转而走向成长之路。

案例7　升职也麻烦

人物素描

杨××，男（35岁），技术九级，副高职。某课题组组长，因专业能力突出，两次荣立三等功。最近被局里任命为某独立科科长。

新官上任，苦恼先行

自担任科长以来，专业以外事务增多，需要承担的责任增加。他每日疲于应付，日常事务总是摸不清头绪，各种公务接待场合也力不从心，自己的专业研究停滞不前。由于管理失当，科里连续发生责任事故，原有的压力更增添了一倍，他明显感到工作精力下降，老出错漏。

专家把脉

杨科长所面临的问题是由专业技术干部兼任领导职务的角色转换问

题，这种情况在许多地方是很常见的。如果转换得当，可以在新岗位上取得更好的成绩，这方面的事例同样屡见不鲜。杨科长的问题在于，角色转换后，他对自己从技术岗位到领导岗位转变的自我定位不清楚，对新岗位的能力和素质要求没有做好充分的预期和准备，以致现在扮演的领导角色与以往习惯的被领导角色之间产生冲突。

专家支招

每一位领导者都应该具有强烈的职业意识，需要认清自己的位置、职责，不能退缩，更不能逃避。在日常工作中，可从以下几个方面做好思想定位。

第一，要弄清岗位的职责。不要急于进入角色，让自己陷入繁忙的具体事务中。很多时候，我们的干部因忙于工作而没有搞清楚这些工作该怎么去做、由谁去做。需要仔细思考新的岗位有什么特点和工作要求，能否进行创新，以及能否在你的领导下，让科室更有凝聚力，更好地完成各项任务。

第二，要全面分析自己的执行力。你是否能胜任这个岗位，思想上是否做好准备，行为上是否脚踏实地去做，是否为自己在科长这个位置上应该考虑和应该做的事情付出全部努力。

第三，要清晰地了解自己的责任。即反思在这个位置上你的具体的责任是什么，如何去承担这份责任，并且对其进行重要性上的程度区分，哪些是必须自己亲自去做的，哪些是需要自己做规划的，哪些是需要自己督促、检查、指导的等。在此基础上，学会适当放权，不用事必躬亲、眉毛胡子一把抓，去做自己该做的、急需做的；当然，放权不等于撒手不管，而是适时地检查、督促和指导。还要从整体上有个把握，比如需要给科室的同志们营造什么样的工作环境和氛围。

第四，要明晰自己拥有的社会支持。作为科长，必然要与相关科室领导以及处级以上领导进行沟通，那么相关部门的主要领导者就是你的社会支持来源。同样，还有你的家人、朋友、亲戚、同学、同事等。他们在你工作或生活需要的时候，能在多大程度上给予你实际的帮助建议或是情感上的支持。

第五，要准确地把握自己的忍耐力。所谓忍耐力，就是一个人对工作压力、人际压力和环境压力能够承受的限度。正确运用自己的忍耐力，可以避免激化矛盾，在适度的范围内处理好各种棘手的问题，以保持正常的工作状态。

那么在具体工作中，该如何真正进入新的角色中去，让自己更像一个科长呢？除了角色定位清晰，有良好的岗位认知以外，还需要从情感上完成角色移情。即当你走上新的工作岗位时，应把对原有工作的情感，转移到现有工作岗位上来。我们每个人都应该有这个移情的过程，应该像对待至亲至爱的人一样，热爱现有的工作和职位。

【心理知识加油站】

角色冲突是指当一个人扮演一个角色或同时扮演几个不同的角色时，因不能胜任而发生的矛盾和冲突。角色冲突大体可以分为两类：角色间冲突和角色内冲突。

角色间冲突是指一个人所担任的不同角色之间发生的冲突。主要表现为两种情形：一是空间时间上的冲突。比如一个人，作为学生，肩负着学习的任务；作为儿子，承担着孝敬长辈的义务；作为哥哥，有爱护弟妹的责任。这样不可避免地就在时间和空间上产生了矛盾。二是行为模式上的冲突。一般来说，新旧角色有性质区别时就会产生冲突。例如，从专业技术干部改任领导干部，则会在工作内容、行为方式、职责要求等方面出现很大的区别，处理不当就不可避免地会产生内在的冲突。

角色内冲突是指同一个角色，由于人们对于他的期望与他的角色表现不一致，或者角色承担者的理解与角色的要求不一致，其内心产生的一种矛盾与冲突。角色内冲突往往是由角色自身所包含的矛盾造成的。极端的状况是，当一个人处在犯罪的边缘时，思想上会产生激烈斗争。这时，两种对立性质的规范、要求会通过行为者内心的冲突进行较量，占上风的一面就会决定他最后选择哪一种行为模式以及扮演哪一种角色。此外，角色间冲突往往会转化为角色内冲突，通过角色内冲突的形式表现和完成。

案例8　退休综合征

人物素描

李××，女（55岁），副局级。原为某处处长，长期从事行政管理工作，精力充沛，号称“铁娘子”。因任职期限已满而退休。

人退心不退

从领导岗位退下来后，李处长突然感到非常失落和空虚，回想自己以前的工作，觉得还有许多事情没有做完，现在想做也做不了了。她退休在家无所事事，想看书无法集中注意力；看电视也索然无味；有事没事老想到单位转转，却不知道自己该去做些什么。她整天感到心里空空的，不知所措，晚上也睡不好，接连失眠，痛苦不堪。

专家把脉

退休的领导干部特别容易患退休综合征，因为这些人要经历从紧张忙碌到突然空虚、从前呼后拥到形单影只、从门庭若市到门可罗雀的巨大心理落差，易产生自我否定怀疑、成就感下降等心理变化，这样的差距的确让人一时难以适应。

专家支招

要预防和治疗退休综合征，当事人应该努力适应退休所带来的各种变化，即实现退休社会角色的转换。通常有以下几种方法：

（1）调整心态，顺应规律。衰老是不以人的意志为转移的客观规律，退休也是不可避免的。这是促进单位岗位人才补充的必要手段，大家必须在心理上认识和接受这个事实。而且，退休后，要消除“树老根枯”的悲观思想和消极情绪，坚定美好的信念，将退休生活视为另一段绚丽人生的开始，重新安排自己的工作、学习和生活，做到老有所为、老有所学、老有所乐。

（2）发挥余热，重归社会。退休老人如果体格健壮、精力旺盛、有技术专长可以积极寻找机会，做一些力所能及的工作：一方面可发挥余热，实现自我价值；另一方面可使自己精神上有所寄托，让生活充实起来，保持身体健康。

（3）善于学习，渴求新知。“活到老，学到老”，正如西汉经学家刘向所说：“少而好学，如日出之阳；壮而好学，如日出之光；老而好学，如秉烛之明。”一方面，学习促进大脑的使用，使大脑越用越灵活，延缓智力的衰退；另一方面，通过学习来更新知识，社会变迁风起云涌，要避免变成孤家寡人，就要加强学习，树立新观念，跟上时代的步伐。

（4）扩大社交，排解寂寞。退休后，老年人的生活圈子缩小，但不应自我封闭；不仅应该努力保持与旧友的关系，更应该积极主动地建立新的人际网络。良好的人际关系可以开拓生活领域，排解孤独寂寞，增添生活情趣。在家庭中，与家庭成员也要建立协调的关系，营造和睦的家庭氛围。

（5）生活自律，注重保健。按时休息，适时活动，建立、适应一种新的生活节奏，养成良好的饮食卫生习惯，戒除有害健康的不良嗜好，采取适合自己的休息、运动和娱乐形式，建立起以保健为目的的生活方式。

（6）必要的药物和心理治疗。出现身体不适、心情不佳、情绪低落时，应该主动寻求帮助，切忌讳疾忌医。患有严重焦躁不安和失眠的退休综合征人员，应接受心理咨询或治疗，必要时可在医生的指导下适当服用药物。

【心理知识加油站】

● 退休综合征

所谓退休综合征是指老年人因退休后不能适应新的社会角色、生活环境和生活方式的变化而出现的焦虑、抑郁、悲哀、恐惧等消极情绪，以及由此产生的一种偏离常态行为的适应性心理障碍。这种心理障碍往往还会引发其他生理疾病，从而影响身体健康。退休是人生的一次重大变动，当事人的生活内容、生活节奏、社会地位、人际交往等方面都会发生很大变化。因适应不了环境的突然改变而出现情绪上的消沉和偏离常态的行为，甚至引起疾病，即所谓的“退休综合征”。退休综合征常有如下特征和表现：

（1）无力感。许多老人不愿离开工作岗位，认为自己还有工作能力，但是社会要新陈代谢，必须让位给年轻一代，退休对于老年人而言实际上是一种牺牲。面对“岁月不饶人”的现实，老年人常感无奈和无力。

（2）无用感。在退休前，一些人事业有成，受人尊敬，掌声、喝彩、赞扬不断。一旦退休，一切风光不再，自感从一个对社会“有用”的人一夜之间变成“无用”的废人，面对如此反差，老年人心理上难免产生巨大的失落感。

（3）无助感。退休后，老年人离开了原有的社会圈子，社交范围窄了，朋友少了，孤独感油然而生，要适应新的生活模式往往使老年人感到不安、无助和无所适从。

（4）无望感。无力感、无用感和无助感都容易导致退休后的老人产生无望感，对于未来感到失望甚至绝望，加上身体逐渐老化，疾病不断增多，有的老年人简直觉得已经走到生命的尽头，油干灯枯了。

当然，并非每一个退休的老人都会出现以上情形，退休综合征形成的因素是比较复杂的，它与每个人的个性特点、生活形态和人生观有着密切的关系，而拥有一个年轻健康的心态，许多问题便可迎刃而解了。

二、微笑面对交往烦恼

案例 1　敏感的心弦

人物素描

郭××，女（30 岁），某局工程师，性格内向、敏感。

老有人在背后说我坏话

小郭平时总觉得有人在背后说自己坏话。最近科里开总结大会，科长在大会上不点名地批评了一些不良现象，但她感到像冲着自己来的。这些天，她走到哪都觉得别人在悄悄地议论自己，可是到跟前别人却都不说了，或者说些别的东西。这让她不胜烦恼。这种情况以前出现过多次，她也因一些小事与别人争吵过。事实表明她的想法和判断几乎都是错的。可是一遇到类似情况，她又不能控制自己。

专家把脉

小郭的这种“毛病”，心理学上称之为“人际关系敏感”。一件芝麻大的小事，别人也许漠不关心，但十分敏感的人却有着特殊的感觉，有时会大惊小怪、疑神疑鬼，有时则会怨天尤人。过于敏感给人带来的多是不愉快的情绪体验，如无穷无尽的烦恼，猜测、忧虑也会接踵而至。

性格内向、心胸不够宽广者常常过于敏感。他们总爱想当然地去观察周围的人和事，并自以为是，结果心里总会有一团难解的乱麻；也有的人因为追求成功的愿望太迫切，对人对事都很敏感，过分看重别人对自己的评价，将一些鸡毛蒜皮的小事也放在心上，患得患失、斤斤计较。应该说，过于敏感是一种不良的心理品质，如不加以克服，不仅会影响工作、学习，还会影响身心健康，造成人际关系紧张。

专家支招

首先，不要妄加推测别人对你的评价。在日常生活中，要用平常的心态和信任的眼光看待周围的人和事，不要觉得时时处处都有人注意你，和你作对，把互相开玩笑的话或自己幻想出来的感觉当成真事，跟自己过不去增加自己的心理压力。

其次，学会与人为善。集体生活中，大家朝夕相处，不可能没有一点矛盾。你想想，如果过于敏感，因为一点小事不如意或一句话不顺耳，就蹦、跳、动怒、发火，显得多“没劲”、多“掉价”。要改变这种状况，必须先从自身找原因，对别人的缺点要宽容，学会扬长避短，吸取别人的长处，切记不要对别人过分挑剔。这样你就会渐渐融入集体中，看到自己的价值，拥有过去从未有过的喜悦。

再次，期望值要适度。过于敏感的人，往往心理压力过大，急于求成，同时又遭受了一些磨难和挫折。因此，每做一件事，在确定目标及对预期结果进行设想时，注意不要把期望值定得过高，要把各种不利的因素充分考虑进去，留有一定的余地。否则，如果你把目标定得过高，等待你的往往是失望，实际上这是在给自己找难堪。

最后，心胸要宽广。遇事应乐观一些、大度一些。一个人要想成就事业，必须具备宽宏大量的风度和修养，不能老是小肚鸡肠，对任何事都过于敏感、过分计较。那样的话，每天将自己陷入烦恼和琐事之中，又怎么能有精力去干一番事业呢？

案例 2　小草无名

A. **人物素描**

肖××，女（26 岁），某局助理工程师。入职前没有集体生活经验，自理能力较差，性格内向，不善与人沟通，与同事关系不是很融洽。

主要问题

她总感觉自己很无能，上学时学习成绩还可以，工作后发现所在群体全是精英，自己在这个群体中好像可有可无，一点儿也不突出。她上班整天忙忙碌碌，却又始终看不到自己的贡献，常常一个人沉浸在强烈的自卑感中，独自黯然神伤。她不知道每天在干什么、活着的意义是什么，感觉自己是那样的微不足道，与周围的人如同隔着一堵厚厚的墙，好像没有人注意到她的存在。

专家把脉

在一个精英集中的地方，感觉不到自己很突出是一件很正常的事。心理学认为，每个人都是不一样的，每个人都有自己的长处，最主要的是看你是否找到自己的特长和兴趣。技术工作分工很细，但每一个人的工作对于整个单位建设来说都是不可或缺的。

B. **人物素描**

刘××，女（30 岁），某所工程师。父母为中学教师，从小极爱面子，凡事都要比别人强才行。她工作后发现，身边同事个个是精英，自己显得很平凡，很多时候不如别人，很强的自卑感郁积于胸。

我怎么处处不如人家

她曾暗暗下决心要努力工作，取得大的成就，让别人对自己另眼相看。可无论如何努力，她都无法在这个群体中脱颖而出。于是，她自觉不如人，内心十分自卑，干什么都提不起精神，每天把自己关在屋里，上班也不与人交流，别人有事相问她也爱搭不理的。

专家把脉

小刘小时候极爱面子，凡事要比别人强的背后，其实是内心深处自卑的一种表现。极爱面子背后是内在自我的相对弱小或不自信。这种人往往比较敏感，害怕不被认可，不论做什么事总希望得到别人的重视和认可，自己的努力不是为了达到事件本身的目标，而是为了得到别人的肯定，并以此来达到自己内心的平衡。这种人在顺境的时候往往看不出自卑的表现，但一遇到逆境如付出了努力却没达到某种目标时，就会感受到极深的挫败感和深深的自卑感。而内心强大的人或真正自信的人则是不论外在怎么评价，自己都会坚信自己，为目标而努力、不惧失败。案例中的小刘能意识到自己的自卑是一件好事，能认识到问题也就离解决问题更进了一步。

专家支招

树立信心、克服自卑，建议从以下几方面入手：

首先，要树立自信心。“自信是成功的第一秘诀。”拿破仑曾经说过：“默认自己无能，无疑是给失败创造机会。”从这个意义上说，树立自信心是战胜自卑心理的根本方法。不要总是过多地看对自己不利、消极的方面，而应着重看到对自己有利、积极的一面；要善于发现和挖掘自己的优点，乐观向上，对生活和前途充满信心。

其次，要有明确的奋斗目标。目标是一个人面对未来的选择，是人生价值的一种选择，是指引我们前进的动力。一个有远大目标、生活充实的人是不会自卑的。因此，我们必须明确自己的奋斗目标，集中精力，矢志不渝地奋斗。这样一来，自卑心理就会不驱而散。

最后，要多和同事交流，建立自己的朋友圈。如果与周围同事的关系更融洽一些，很多问题会迎刃而解。就像案例中描述的那样，她与周围的同事之间有一堵墙。她的内心渴望别人的关注和友爱，可当别人对她表达友善时，她却在心里为自己树起厚厚的壁垒。友爱是相互的，当你给予别人友爱时，你就会感受到别人传递给你的友爱；当你把自己封闭起来，失去与别人的交流时，别人会因不了解你而忽略你，而你也在孤独中越来越自卑，越来越没有安全感。只要我们能主动和同事交往，做个快乐的天使，慢慢地就会发现，真情友爱就在我们身边。

【心理知识加油站】

自卑通常是指人因主客观原因而造成的妄自菲薄、缺乏自信，认为自己在某些方面不如他人的一种自我意识。荷兰著名哲学家斯宾诺莎曾说："因痛苦而将自己看得太低就是自卑。"通俗地说，自卑就是自己看不起自己。自卑心理产生的原因是多方面的。从年龄上看，青年人占的比重大一些。自卑的人对外界过分敏感，对他人而言微不足道的评价，自己却难以承受，感到压抑、焦虑、悲观、失望，甚至沮丧。从生活实践上讲，产生自卑心理，一般都是因为对工作、生活上可能遇到的问题和困难缺乏必要的思想和信念准备，一旦遇到，便束手无策、失去信心、无所作为、消极悲观。自卑是一种消极的心理状态，是实现理想或某种成功愿望的巨大心理障碍。

【心灵物语】

- 喜欢自己才会拥抱生活

盲目自大自尊，是骄傲无知的表现；一味自暴自弃，则是消极悲观的表现。了解自己比了解别人更困难，喜欢自己比喜欢别人更不容易。拥有健康的恰当的自尊心理，面对挫折时会表现得格外坚强。不为外界的诱惑而丢失自我，不为一时的挫折否定自己，时时客观冷静地评价自己，在乐观中肯定和赞赏自己。

若连自己都不爱，还能爱别人吗？喜欢自己吧！

案例3 低调做人

人物素描

张××，男（25岁），某局助理研究员。国内某著名高校毕业，学习成绩很好，自认为很有才。

一个人的世界不精彩

小张很有才气，在一些技术问题的处理上能力很强，但恃才傲物，平时待人接物举止傲气，在与同事打交道时不能虚心听取他人意见，对待老同志不够尊重，认为他们都是一群老古董，思想僵化、跟不上形势。久而久之，人际关系冷漠，逐渐与大家疏离，没有真正的朋友。其实，他内心还是渴望得到别人的认可，当发现同事们有意无意地躲着他，没人愿意和他在一起时，内心也不是滋味。

专家把脉

上高中时，有位同学曾说过一句话："地球因我而转。"现在回想起来，只能说那是一种年少轻狂的表现，地球没有了我们，所有人照样会转下去。我们需要的是一种正确的自我评价，而非这种目空一切、不切实际的错误评价。不仅是他，现在许多青年技术人员，特别是一些刚参加工作的同志，总是"以自我为中心"，自认为"老子天下第一"，进而在为人处事、言行举止等方面特立独行。和他人相处时，总是说别人这里不对，那里不好，要求别人这么做、那么做，总是希望别人按照自己的方式来做事情，只考虑自己的感受，很少考虑他人的感受，要求他人适应自己，而不知道迁就他人，包容他人，适应群体。

专家支招

这种心态会使人昏了头脑，总以为自己什么事都做得好，当他人在某事上做得比较好时，他并不会虚心地向他人学习，反倒在一旁冷嘲热讽。有句话说得好：知耻近乎勇。然而这种自认无所不能、天下第一的态度，会使人丧失掉羞耻心。没有羞耻感，就不会虚心地向他人学习，因此也就无法进步了。

小张其实应摆正自己的心态，对自己做一个客观的评价，其余的问题也就迎刃而解了。

【心理知识加油站】

- 我是谁

如同人们每天照镜子，端望自己的"尊容"是否有不合适的地方一样，人们也需要通过心灵的镜子去发现真实的自我。我是谁？我为什么选择现在的职业？生命的意义是什么？怎样的生活才是有价值的？这些问题是许多人经常思考或曾经使人们感到困惑、苦苦思索的问题。这些问题也是千百年来哲学家、思想家一直追寻的关于人的"自我意识"的问题。

人们每时每刻都在与自己相处，如果人能够认识并接受自己，对自己有合理的期望，而且知道自己为什么活着，善于利用每个成长机会改进自己、完善自己，一生就会快乐、充实和有意义。如果未能建立良好的自我形象，对自我缺乏自知之明，就会产生混乱的感觉，与人相处时也会感到困难或使对方不愉快。

在现实生活中，我们常常会遇见这样一种人，他们自命不凡，喜欢自吹自擂，总觉得自己了不起，别人什么都不行，这就是具有自傲心理的人。而具有自卑心理的人往往自惭形秽，怀疑自己的知识和能力，因而遇事畏畏缩缩、裹足不前。但也有相反的情况，有的自卑者为了掩盖自己极度的自卑心理，反倒表现出一种狂妄自大、目中无人的报复心理。这是一种消极的补偿作用。这些表现就是自我意识障碍。这种自我意识障碍对青年人的正常人际交往有很大的负面影响。

● 自我意识是如何形成的

每个人的自我意识都不是与生俱来的，而是在成长过程中逐渐形成和发展起来的。人首先产生对外部世界、对他人的认识，然后才逐渐认识自己。自我意识是在与他人交往过程中，根据他人对自己的看法和评价逐渐发展起来的，这个过程在我们一生中一直进行着。

每个人都是一个心灵画家，不过，这个画家的水平是逐渐提高的，当我们对自己的认识达到以下水平时，我们关于自己的画像就基本完成了：能意识到自己的身体特征和生理状况；能认识并体验到内心进行的心理活动；能认识并感受到自己在社会和集体中的地位与作用。

每个人关于自己的画像，从无到有、从差到好，大体会经历以下三个阶段：

首先是生理自我阶段（1—3 周岁）。生理自我是个体对自己躯体的认识，包括占有感、支配感和爱护感。人们有时把生理自我阶段称为"自我中心期”，这种初级的形态是以自我感觉的形式表现出来的。大约在 1 岁末的时候，牙牙学语的儿童开始用手指拿纸、笔，拿到什么是什么，但他知道手指是自己的，这样就把自己的动作和动作的对象区分开来，这是自我意识的最初表现。接着，儿童开始知道自己扔皮球，皮球就滚了，进一步把自己这个主体和自己的动作区分开来。2 岁左右的儿童开始知道自己的名字，这时其只是把名字理解为自己的代号，遇到叫同名的其他孩子时，他会感到困惑。儿童从知道自己的名字过渡到掌握代名词“我”“你”“他”的阶段，是儿童自我意识形成上的重要阶段，是一个质的飞跃。由此开始，儿童把自己当作一个与别人不同的人来认识。其独立性也开始大大增长起来，他们经常说“我自己来”“我要……”随着儿童把自己当作主体的人来认识，他们逐渐学会自我评价，懂得“乖”或“不乖”、“好”或“不好”的含义。3 岁左右时，儿童的生理自我基本成熟，在心理上开始出现羞耻心和嫉妒心等特点。

其次是社会自我阶段（3 岁至青春期）。这个阶段，个体通过幼儿园的学前教育和学校的系统教育，不断受到社会文化的影响，增强了社会意识，认识到自己是社会的一员，尽量使自己的行为符合社会的标准。这个阶段称为社会自我阶段。小宁是独子，在家里是个“小皇帝”，但他上学后发现，老师关心的是每一个学生，并不特别偏爱谁。于是，小宁开始认识到自己是班级的成员，不能再像在家里那样放肆了，要写作业、打扫卫生等。这样，小宁因为在学校里的身份、地位以及人与人之间的关系发生了完全不同于家里的变化，从而开始表现出社会自我。

最后是心理自我阶段（14、15 岁到成年）。这个阶段，青少年的性意识开始觉醒，抽象思维能力和想象力大大提高。生理和心理的急剧变化，促使自我意识开始成熟，这也就意味着开始进入心理自我时期。到这个阶段，青少年开始在意别人的评价，希望引起别人的注意，不再像以前那样对自己很满意，希望改变自己的外貌、性格等。心理自我是个人逐渐脱离对成人的依赖，并从成人的保护、管制下独立出来，表现出自我意识的主动性与独立性，强调自我的价值与理想的阶段，是自我意识发展的最后阶段。这时我们能够透过自我意识去认识外部世界，而这样的自我意识过程将会伴随我们的一生。

一个人的心理健康状态是与他的心理自我发展是否完善密切相关的。心理自我发展完善的个体能够以客观的社会标准来认识社会和评价事物，能够树立正确的伦理道德观念并形成对待现实的正确态度、理想和信念等。

案例 4　一花独放不是春

人物素描

赵××，男（27 岁），某局助理工程师，国内某知名高校本硕连读研究生。

一花独放不是春，百花齐放春满园

科长找其谈话，感觉既像谈心又像批评，小赵心里感到很郁闷。科长说他在平时工作中有些以自我为中心。他自己的工作做得“特别好”，但很多时候却没有考虑到整个大的工作流程，自己设计的东西确实性能很好，但放到系统里却无法兼容，或者无法在现有大系统下发挥作用，因此很多时候还要返工，很多同事对其颇有意见。而小赵觉得原有的那种设计理念已经过时了，应该改一改，而且能做出新的设计也显示了自己技高一筹。

专家把脉

小赵的出发点是好的，也是为了工作，希望工作取得进步，问题在于他缺乏团队合作的意识。

专家支招

其实，我们每个人都想得到别人的尊敬和佩服，这种想法促使我们在许多方面想处于主导地位，做出一番成就。但工作中需要有团队协作和大局观意识，我们应该从整体来考虑问题。小赵之所以觉得他自己是对的，就是因为他对整体系统的要求、功能并不是很了解，其实同样的技术问题，那些老专家早已经想到。另外，为了引起别人注意而做出与众不同的事，其实是一种很幼稚的表现，是一种潜意识的防御机制，这种因素困扰着小赵，使他很在乎别人的看法，生怕别人瞧不起自己。因此，小赵必须摒弃这种想法，多想想过去的成功经历，想方设法增强自己的自信心。同时，多向老同志学习，多了解工作的整体情况，这对于适应工作是很有必要的。

案例5　针尖对上麦芒

人物素描

崔××，女（30岁），某局工程师，性格偏内向，爱好清洁、喜欢安静。

与个性不同的人怎么交往

科里新来了一位女同志，地方大学毕业，性格外向，整天嘻嘻哈哈、“疯疯癫癫”的。因为她俩都未婚，科里安排她们住一套两室一厅。刚开始还可以，时间一长，小崔发现她无法忍受这个小姑娘了。小崔喜欢早睡，而新来的小姑娘是个夜猫子，经常在晚上走来走去，干点这、干点那，并且还有事没事地到她这屋串串门；小崔喜欢清洁，而这小姑娘的东西扔得到处都是；小崔喜欢安静，而这个小姑娘却有一副堪比三大男高音的大嗓门。现在，小崔对这个小姑娘烦得要命，看见她就头疼，能不回宿舍就不回，小姑娘好像也感觉到小崔对她的态度，所以两个人的关系处得不是很融洽。

专家把脉

小崔遇到的情况，我们很多人都碰到过。我们知道，现实生活中有的人热情大方、心直口快；有的人感情深沉、沉默寡言；有的人作风泼辣、性情急躁；有的人多愁善感、慢条斯理。对于这种情况，心理学上称之为人的个性差异，或个性不同。这是先天素质以及后天生活环境、教育条件的不同，而使人们在心理活动上表现出的差异。正所谓：“人心不同，各如其面。”

在日常生活中，大多数人乐于结交与自己情趣相投的同事，即所谓的“投脾气”“谈得来”。应该说，这种做法无可厚非。但从单位所担负的任务来看，仅仅志趣相投是远远不够的。我们的工作需要各种各样的人才来为之奋斗，因此与不同性格的人相处、合作是非常必要的。与个性不同的同事交往可以产生互补的效果，因为每个人的个性中既有积极的一面，又有消极的一面。比如，有的人观察事物细致入微，有的人则粗枝大叶；有的人热情豪爽，有的人则态度冷漠。不同个性的人相互来往，可以互通有无、取长补短、相得益彰。

专家支招

在日常工作和生活中，与个性不同的同事交往，应注意：

首先，要尊重同事的个性。人的性格各异，在交往中如果能相互尊重、相互谅解、相互学习、相互欣赏，就可以收到互相补充、各有所得的效果。切不可以“我”为中心，把自己的情趣、爱好和兴趣作为唯一标准，凡是和自己相同的，就认为是好的；反之，就“看不惯”“讨厌”。其结果，不仅交往会走向失败，还会影响同事之间的团结。

其次，要在适应对方中影响对方。人们因为个性不同，待人接物的差异也很大。在交往中，要注意了解周围同事的个性特点，多交流，逐渐在适应对方中影响对方。拿小崔来说，她其实可以开诚布公地和新来的小姑娘谈一谈，使彼此都了解对方的特点、生活习惯、兴趣爱好，这样一来，双方就会在自己做事的时候适当地考虑一下对方的感受，从而达到一种和谐的状态。

第三，要保持各自的个性。每个人都有特殊性，不能苛求。实际上，若能尊重同事的个性，学会求大同、存小异，不但不会妨碍、削弱彼此的友谊，反而会增进相互之间的感情。

案例 6　对面的女孩看过来

人物素描

罗××，男（27 岁），某局助理工程师，从小家境贫寒，与母亲相依为命，性格内向，不爱说话，学习很努力。

脸红不是错

上学期间，小罗曾暗恋一个女生，但因性格内向一直未敢表白，终于在毕业晚会上鼓足勇气向其表白，但遭到女生拒绝，自认为极没面子。从那以后，他不敢再在女生面前随便说话，后来发展到看到女性就脸红、不自在。工作后，他遇到一个女同事，心里很喜欢，每次看到对方出现，举止行为就变得不自然，总认为对方能看出自己那些隐秘的心思和想法，为了躲开那个女同事，甚至待在家里，不愿上班，工作受到很大影响。

专家把脉

对异性交往产生严重的恐惧症，一般都是因为在恋爱中有过失败经历，心灵受到某种消极刺激。异性恐惧症是社交恐惧症的一种，主要表现为不敢和异性对视、说话，害怕与异性交往。严重的会伴发身体症状：脸红、呼吸局促、脖子僵硬，有时候还会不自主地颤抖等。异性交往恐惧往往来源于自我强迫，当看到异性的时候强迫自己不去看他（她）而引起内心的争斗，或者强迫产生一些古怪想法，然后在拼命想控制的时候，它却越难以控制。

专家支招

针对小罗的问题，首先要纠正认知偏差。在人的心理过程中，认知是基础，直接影响和决定着情感和意志，主导行为取向。正确的认知会产生健康的情感和意志；错误的认知则导致消极的情感、意志和不良的行为。进入青春期后，对异性产生好感、喜欢和异性在一起等都是正常的心理反应，因此没必要为此产生罪恶的想法，对自己进行谴责。

其次，改善性格。小罗性格内向，有些自我封闭，害怕与人交往，这种心态对人际交往有着非常大的消极影响。平时可以适当地参加一些集体活动，拓展自己的交往渠道，和人聊聊天，找一些关系亲近的朋友说说知心话，逐渐把自己融入集体中。

第三，逐步克服。在与异性交往的问题上，可采用系统脱敏疗法，通俗一点说就是循序渐进法。对小罗来说，可先与熟悉的异性接触，通过反复锻炼和自我心态的调整，达到相对从容的状态；在此基础上，逐渐与相对陌生的异性接触，建立一种正常的朋友关系。换句话说，就是由易到难，从熟悉的人到陌生的人。需要注意的是，这个过程一定要慢慢来，在巩固每一步的基础上，再进行下一步。在可以与异性正常交往的前提下，发展与自己喜欢的异性的关系，建立正常的恋爱关系，也是完全有可能的。

【心理知识加油站】

● 如何分析自己社交恐惧的根源

许多患有社交恐惧的人虽然很敏感，但却不一定清楚这种问题产生的心理根源。摆脱社交恐惧的困扰，首先要做的就是找到自己恐惧的根源。发现恐惧根源，才能找到最有效的治疗方法。可以试试按下面的步骤寻找社交恐惧的根源。

首先，认真回忆自己在什么情况下出现恐惧，内心深处到底怕什么。比如目光恐惧的人害怕别人的目光，怕被人看、怕与别人对视。为什么会这样？这就要仔细回忆害怕的细节：当别人目光扫来时，自己下意识地在担心什么？是怕出丑？怕被别人看穿自己的内心？怕别人以为自己的眼光盯着对方？怕对方误以为你喜欢他（她）？怕看到你脸上有什么不该有的东西？怕你自己的表情让对方产生奇怪的想法？害怕别人觉得你帅或者漂亮……

其次，深入分析为什么会产生这种担心。许多人的经验是，大部分恐惧的产生，源于内心深处两个自我的矛盾与冲突。也就是说，一个是具有正常欲望、天性的你要做这件事；而另一个是社会性的你，因社会交往而形成的羞耻心或者自律心理要求你不要做这件事。内心瞬间的争斗不像常人那样很快取得结果，而是会反复争斗、相持不下，这样就形成了社交恐惧。

第三，分析根源：这个社会性的你到底是如何形成的。仔细回想小时候的情景，是谁让你苦恼于这些在常人看来再正常不过的想法，是什么环境让你形成这个不断提醒自己要如何做潜意识自我。脸红的人和异性恐惧的人也许是因为小时候父母的“教育”，用无法抗拒的权威性把所谓的羞耻心或所谓正确的东西强加给你；目光恐惧者可能是因为曾经有过一次很尴尬的目光经历在你内心深处留下了阴影，例如当自己看某个美女的时候，被美女开玩笑说，“你是不是喜欢我啊？”美女可能为了缓解尴尬而随口说，你却煞有介事地听，问题就形成了。

- 系统脱敏疗法

系统脱敏疗法又称交互抑制法，利用这种方法主要是诱导求治者缓慢地暴露出导致焦虑或恐惧的情境，并通过心理的放松状态来对抗这种情绪，从而达到消除焦虑或恐惧的目的。系统脱敏疗法是由美国学者沃尔帕创立和发展的。沃尔帕认为，人和动物的肌肉放松状态与焦虑情绪状态是一种对抗过程，一种状态的出现必然会对另一种状态起抑制作用。例如，在全身肌肉放松状态下的肌体，各种生理生化反应指标，如呼吸、心率、血压、肌电、皮电等，都会表现出同焦虑状态下完全相反的变化。这就是交互抑制作用。而且，能够与焦虑状态有交互抑制作用的反应不仅是肌肉放松，例如进食活动也能抑制焦虑反应。根据这一原理，在心理咨询时便应从能引起个体较低程度的焦虑或恐怖反应的刺激物开始进行治疗。一旦某个刺激不再引起来访者焦虑和恐惧反应时，咨询师便可向处于放松状态的来访者呈现另一个比前一刺激略强一点的刺激。当一个刺激引起的焦虑或恐惧状态在来访者所能忍受的范围之内，并且经过多次的呈现，来访者不再对该刺激感到焦虑和恐惧时，治疗目标也就达到了。这就是系统脱敏疗法的治疗原理。

系统脱敏疗法是最早应用的行为治疗技术之一。行为疗法理论认为：人的行为，无论是功能性的还是非功能性的、正常的或病态的，都能经学习获得，而且能通过学习更改、增加或消除。行为疗法的主要理论观点是：

条件反射的形成和建立，就是条件刺激取代无条件刺激，形成特定的“刺激—反应”关系的获得过程。

强化或榜样：强化是使一个人积极寻求刺激的动因，会使一个人趋向某种特殊的活动或形成某种特定的行为。

泛化：这是人和动物把习得的经验扩展运用到其他类似的情境中去的倾向，可能是许多症状得以维持和发展的原因。

消退：新条件反射建立后，若继续给予条件刺激，原条件反应的强度就会下降，直到消失。

通俗地说，系统脱敏疗法通常是以“刺激—放松”反射为适应行为，来取代来访者已经形成的“刺激—异常行为反应”反射，继而强化适应行为，使适应行为得到巩固，从而克服异常行为。

采用系统脱敏疗法进行治疗应包括三个步骤：

第一，建立恐惧或焦虑的等级层次，这是进行系统脱敏疗法的依据和主攻方向；

第二，进行放松训练；

第三，要求来访者在放松的情况下，按某一恐惧或焦虑的等级层次进行脱敏治疗。待能够适应该等级的焦虑之后，再逐步进入更高一个等级。

系统脱敏法应用“颉抗”原理以解除当事人与焦虑有关系的神经症等行为问题，即在引发焦虑的刺激物出现的同时让当事人做出抑制焦虑的反应，这种反应就会削弱、最终切断刺激物与焦虑反应间的联系。

三、巧妙化解婚恋矛盾

案例1 不做攀援的凌霄花

人物素描

梁××，女（25岁），某局技术干部，工作单位在边远地区；成长于单亲家庭，一直与母亲生活在一起，母亲对其十分溺爱。

剪不断，理还乱

大学时谈了一个男友，男友对其照顾有加。现因工作两地分居，男方既不想离开父母居住地，又不愿放弃现有工作到小梁所在的边远地区与其团聚。而小梁也因为单位的特殊要求和工作性质，短期内不可能调回内地。与男友情感上分不开，实际中又合不成，小梁的生活和工作无法持续。领导希望通过给她多安排点工作、对其工作成绩及时给予肯定的方法，转移其情感上的注意力，可是效果不明显。

专家把脉

小梁依赖性强，自理能力差。依赖心理的主要特征是在自立、自信、自主方面发展不成熟，过分依赖他人，经常需要他人的帮助和指导，遇事往往犹豫不决，缺乏自信，妄自菲薄。他们总觉得自己不行，不敢独自胜任工作，很难单独进行自己的计划或做自己的事，总是依赖他人为自己做出决策或指出方向。心理学认为，产生依赖心理的主要原因有两个：

一是教育不当引起的心理依赖。尤其是独生子女，从小受到父母的溺爱和娇惯，生活的一切均由父母包揽，全部听从父母的安排，不懂生活的艰难，缺乏独立生活和处理问题的能力，养成做事靠父母的依赖心理。离开父母后，把依赖之情转移到他人身上，在生活和工作中遇到困难或矛盾，就手足无措，难以应付，常找他人帮助出点子、拿主意。久而久之，会把他人看得比自己重要，自觉不自觉地迎合他人的意愿说话、做事，将自己置于依附地位。

本例中的小梁就是这种情况的典型。家庭的变故，母亲对其的溺爱，导致其自理能力差。由于其从小缺乏父爱，她对男朋友的依赖很大程度上存在寻求父爱的成分，正因这种不正常的依赖，她在两个人都不能为爱放弃自己生活的情况下，依然无法割舍这种依赖。

二是自卑衍生出来的心理依赖。有的人有较严重的自卑心理，认为自己不如他人，如知识贫乏、能力不强、笨嘴拙舌，因此在日常交往中不自觉地把自己放在配角位置，心甘情愿地接受他人的支配。

专家支招

依赖心理的形成是一个长期的过程，是多种因素相互作用的结果。它是一种消极的心理状态，影响个人独立人格的完善，制约人的自主性、积极性和创造力。要克服依赖心理并非朝夕之事，要多角度、长时间地去攻克它。克服依赖心理，可以从以下几个方面努力：

一是愉快地接纳自己。一个人要有所作为，首先要正确地认识自己，对自己采取接纳的态度。认识自己的优点、缺点、专业特长、能力特点等各方面的情况。也就是说，对自己的一切不但要充分地了解、正确地认识，而且要坦然地承认、欣然地接受，不能欺骗自己、排斥自己、拒绝自己。一位哲人说过："一个人的失败，不一定是败给对手，而往往是败在不能清醒地认识自己，败在认识了自己又没有勇气接纳自己。"其实，每个人都有优点，也都有弱点。有的人发现了自己的缺点和缺陷，却当成包袱背起来，老是压在心头，连自己的优点和长处也看不到了。于是，自己的精神优势被弱点与缺陷所压垮；自身的潜在能力与智慧被自身的弱点与自我否定泯灭。

二是坚定自信心。自信心是对自身潜能的肯定，是追求事业成功过程中的一种良好的心理素质。一个人如果缺乏自信心，不敢肯定自己，在精神上被自己打倒，在事业上就不可能迈出坚实的步伐，再壮丽的理想也不过是没有曝光的底片。请牢记“说自己不行的人，一定不会成功”。只要坚信“我能行”，一股新的动力就会像清泉一样充实你的头脑并改造你的人生。

三是培养独立的人格。要懂得依赖心只能滋长惰性，束缚手脚，最终泯灭自立自强的勇气和毅力；只有舍弃依赖心，做自己生活的主人，才能成为生活的强者。诚然，生活中的每个人都需要他人的帮助，但接受他人的帮助也必须发挥自己的主观能动性。一旦把他人的指导和帮助看得过重，离开他人就不知该如何是好，就应当清醒地意识到，你的人际交往已出现了偏差，因为你关注的是“依赖的需要”，而不是“与人交往的需要”。正常的人际关系是平等的，每个人都有自我实现的潜能，只是“依赖”的心理误区阻碍了你独立潜能的发挥。鉴于此，不妨先从小事做起，依照自己的意愿做出干与不干的决定。对于大事，可征求他人的意见，但必须把握一点，他人的意见仅供参考。自己可把各种利弊罗列出来，进行权衡，做出选择，并对自己的决定负责，这样就锻炼了自主意识。一旦从对他人的依赖关系中解脱出来，就会有一种踏实的感觉，感受到自己的力量，找回了自信。当享受到自主、自立给自己带来的好处时，依赖心理也将慢慢消失。

【心理小故事】

- 靠人不如靠己

小和尚刚来到寺院，很多人欺负他，后来他看胖和尚很厉害，就和胖师父搞好关系，结果是没人欺负他了，但每个人都瞧不起他，偶尔胖师父也会耍弄他。后来他又和高和尚好了，结果还是一样。住持听说了，告诉小和尚“靠人不如靠己，只有自己强大了，别人才不会欺负你”。于是，小和尚再也不寻找靠山了。

案例2　都市剩男

人物素描

夏××，男（33岁），某局工程师，家庭经济条件一般，父母对其要求较高。工作单位在大城市，该市经济发展程度和消费水平均比较高。其工资在该市处于中等偏下水平。

少金一族的恋爱困惑

小夏工作后，经人介绍认识过几个本地女孩子，但都因经济问题而有始无终。条件好点的女孩会考虑现实问题，要求有房有车，什么都没有的，至少也要长得帅，这对于依靠稳定工资生活、相貌普通的小夏来说，无疑是比较苛刻的要求。几次恋爱谈下来，夏冬深受打击，家人经常催促他早点结婚，原来热心介绍的大姐看总不成功也不太热心了，认为小伙子太挑。小夏却觉得，尽管自身条件一般，但不想找一个人凑合，看着周围的同事出双入对，自己还是孤家寡人，他的心态越来越不好，常常抱怨生活不公。

心灵物语

男人在结婚前觉得适合自己的女人很少，结婚后却觉得适合自己的女人很多。

专家把脉

“男大当婚，女大当嫁。”青年技术人员到了一定年龄，都会面临人生中的这个“坎”。近年来，一些技术人员因婚恋问题处理不当给家庭和本人带来许多痛苦，影响自己前程的情况，在单位屡见不鲜。如何引导青年技术人员处理好婚恋问题，不仅关系到其自身的利益，也影响到单位的发展。

专家支招

渴望得到甜蜜的爱情，是青年技术人员的共同心愿。如果说爱情是一首奏鸣曲，那么选择对象就是它的序曲。确定正确的择偶标准，是寻觅美满爱情的前提。青年技术人员的婚恋要把思想品质、生活态度、政治信仰、经济条件、体态容貌有机结合起来。事实证明，只有把爱情之花植根于志同道合的沃土里，才能经受住风雨的吹打，才能开出绚丽的花朵。因为在将来的共同生活中起决定作用的不是美貌，也不是财富，而是思想、感情和道德品质。所以有人说："外貌的美丽是一时的可爱，而内在气质、品格的可爱才是永久的美丽。"择偶时适当考虑对方的物质条件、家庭及个人地位也是无可厚非的，因为在现阶段，有一定的物质条件做保证，对婚后生活的和睦、幸福是有益的，地位相当也可有更多的共同语言。但是，如果单纯地从物质、地位的角度出发，把爱情建立在钱物丰足和所谓的"门当户对"上，就会使纯洁的爱情被利己主义、实用主义思想所玷污。

爱情的道路上一帆风顺的情况是很少见的，遇到一些矛盾、挫折甚至不幸在所难免。如果说爱情是一瓶美酒，那么失恋则是一杯苦酒。有的技术人员失恋后精神恍惚、情绪低落，甚至悲观厌世，这是不可取的。正确的态度应该是，冷静分析失恋的原因，理智地进行处理。如果自身存在某些方面的不足，就应该自觉地克服，以取得对方的信任；如果是某个问题造成误会，就要耐心做好解释工作，求得互相谅解；如果是性格不同、志趣不合，就不必强求，"强扭的瓜不甜"；如果是对方追求享受，嫌贫爱富，那么这种人根本不值得留恋，结束关系未必不是好事；如果是对方见异思迁，另有所爱，那也不能感情用事，企图报复，而应该好聚好散，成不了恋人也不要做仇人。常言道：天涯芳草绿，何愁遇相知。要坚信，一盏"灯"吹灭了，还会有新的"灯"亮起来。

【心灵物语】

● 爱情的真谛

真正的爱情是不讲究热闹，不讲究排场，不讲究繁华，更不讲究噱头的。

【心理知识加油站】

● 恋爱容易失败的原因

一是把所爱的对象理想化。“情人眼里出西施。”这是青年男女在恋爱过程中常常出现的心理现象。这时双方的感情和谐而浓烈，由于受光环效应的影响，常常感到对方是“完美无缺”的。一旦冷静下来，发现对方存在缺点，便不能接受，导致爱情破裂。

二是固执地坚持自己的择偶模式。爱情需要选择，需要进行比较，建立一个符合个人特点的模式。但如果个人模式过于理想化或者不符合实际，一味从个人好恶出发，这样的恋爱就极易失败。比如有些男青年一心要找一个貌美如花的姑娘做妻子，而忽略了对方的学识与性格修养；有些女青年一心要找一个有权势的人做靠山，后来却发现对方秉性恶劣，实在无法忍受，只好分手。

三是不善于表达自己和理解对方。有些人认为，我在感情上忠诚可靠，对你好就好，何必一定要嘴上讲出来呢？却不知爱情是极为复杂的情感体验，它需要恋爱中的两个人相互沟通磨合，达到思想与感情上的和谐，才能真正享有爱情的甜蜜美好。而如果一方或双方“爱你在心口难开”，不善于表达自己的想法和感受，也不善于理解对方，交流不够，自然就会引发矛盾冲突，使感情走向破裂。

四是不善于处理爱情中的种种矛盾与冲突。人生就是矛盾发展的历程。两个性格不同、经历不同的人走到一起，难免会有矛盾与冲突。若处理得不好，矛盾将愈演愈烈，导致感情解体。

案例 3　独茧抽丝

人物素描

余××，男（26 岁），某局助理工程师。阎××，女（25 岁），该局助理工程师。两人同处一个科室，小余比小阎早一年到单位。

你知道我在等你吗?

小阎刚到单位，小余便被她吸引了。小阎的相貌、体型、气质等正好与他的“梦中情人”相符，小余就主动接近，两人聊得还算投机。平时，有事没事，小余都会去关心照顾一下这位新同事。但是，随着在一起的时间逐渐增多，小余慢慢发现小阎好像对他没有那种“意思”，最糟糕的是，他最近听说小阎好像和邻科的一个同事有发展的苗头。于是，眷恋、烦躁、犹豫、苦恼等复杂的情感占据了他的心头，使他陷入自我折磨的痛苦中。

专家把脉

从上述情况看，小余是患了“单相思”。所谓“单相思”，往往源于青年男女骚动于内心深处的、尚未实现的爱情。它的表现形式是男女某一方，或因对方的容貌，或因对方的才华，或因对方的优良品质和行为，而悄悄地爱上了另一方。由于自己有意，心理上就形成一种定势，即将对方的一言一行、一举一动都视为对自己有情，而被爱的一方却没有察觉和反应。一旦发现对方并无此意，单相思者精神上往往会蒙受失恋的痛苦体验。

为什么会产生“单相思”呢？这主要是因为认知上出现了偏差。心理学认为，人的认知是客观事物在头脑中的反映。这种反映受到主、客观因素的影响，有时可能会出现偏差。在这里，小余对对方产生了倾心仰慕之情，希望得到对方爱情的动机也比较强烈。在这种心理支配下，他常常会把对方的一言一行、一举一动纳入自己的主观需要来理解，从而造成对对方认知的偏差，认为自己有意，对方对自己也应有情。

专家支招

在与异性交往的过程中，“单相思”虽然是一种正常的心理现象，但若处理不好，不仅会影响工作和学习，而且会引起心理疾患。不少事实表明，如果对这种“单相思”不加约束、不加克制，任其发展，会让人陷入虚幻的爱情旋涡。久而久之，人的心理会逐渐失常，情感控制不住，思维调节不灵，会出现强迫性思维，甚至导致抑郁症。那么，怎样摆脱“单相思”的苦恼呢？

首先，谈恋爱时要做一个冷静的分析和思考。一是要反省一下自己选择恋人的动机是否正确。选择恋人的基本出发点应该是志同道合，有共同的志向和追求，不能把自己想象中的理想模式与生活中的人简单地对号入座。二是要认清爱情的互动性。爱是两颗心相互碰撞发出的共鸣，单向的爱不能算是真正的爱情。既然爱情是两个人的事情，那么就要有感情的回流和汇融。如果仅仅是单方的爱慕，而对方却无动于衷，这不能算是真正的爱情。如果真正懂得了爱情的双向性质，那么当发现自己陷入“单相思”的境地时，就应果断地割断那不能开花结果的情丝，另觅合适的对象，这才是上策。倘若双方有产生爱情的客观基础，你不妨主动向对方表白，勇敢地去爱，或许可以成功；倘若这种爱情不可能实现或者接近对方只会带来失望，那么要努力忘掉她（他），尽快冷静下来。莎士比亚说：“‘爱’和炭相同，烧起来，得设法叫它冷却。让它任意燃烧，那就要把一颗心烧焦。”三是要克服爱情错觉。不要过分自信，要仔细观察所恋对象的言行举止，认真分析对方对自己的态度和行为是否与对其他异性的态度和行为有所不同。如果一时难以辨别，可以将你的心事告诉信任的同事，让他们帮助你进行客观的分析与判断。一旦你认识到自己的确产生了错觉，就没有必要继续下去，否则于人于己都没有好处。

其次，要划清友谊和爱情的界限。友谊是人与人之间的一种亲密的关系。爱情则是男女间基于一定的客观物质基础和共同的生活理想所产生的一种互相倾慕爱恋并渴望对方成为自己终身伴侣的特殊情谊。在日常的交往中，有些技术人员往往错把对方的友谊当成爱情。此时，最好是真正搞清楚对方对自己的感情到底是友谊还是爱情，如果发现对方对自己与他人的态度和行为没有什么不同，确实是自己自作多情、想入非非，那么就应该尽快悬崖勒马，拿出勇气毅然决然地斩断这无益的单恋。

最后，要学会情感的转移。一旦陷入“单相思”的旋涡不能自拔时，一定要注意不能把情感一直压抑在心底，否则时间长了会严重损害身心健康。正确的做法是学会情感的转移，应努力把这种情感转移到工作、学习等方面，积极参加集体活动，借以转移自己的注意力。

案例 4　爱到心碎

人物素描

李××，女（25 岁），某局助理翻译。独生子女，父母为大学教师，家庭和睦。从小学习成绩优秀，一直担任班干部，从某重点大学毕业后到单位工作。

他不应该背叛我

两个月来小李极度痛苦、焦虑，吃不下，睡不着，反复想着男友“出轨”的事，严重影响到自己的工作和生活。她与男友青梅竹马，读同一所重点大学，毕业后男友在同城一家知名外企工作。对于两人的恋爱关系，双方家长、亲朋都比较满意，同事们也很羡慕。小李也为自己童话般的爱情而自豪，只是两人相距较远，只能周末相聚。两个月前，单位因故休息一天，小李去找男友，事前没有打招呼，想给男友一个惊喜，没想到走到男友单位宿舍却见到男友拉着另外一个女孩子的手，看样子两人十分亲密。小李当场差点昏过去，她无论如何都想不到自己完美无缺的爱情会是这样的结局。她始终认为“他不应该背叛我”“我的爱情应该完美无缺”，觉得自己从此完了，日子没法过了，一无所有了。小李现在对所有男人都深恶痛绝，看到别人谈恋爱也会觉得怒不可遏。

专家把脉

小李的情况是典型的由恋爱遭受挫折引起的严重心理问题，同时还出现了不合理的思维。

专家建议

第一，正确认识自己的处境。感情受挫确实是一件让人伤心难过的事，人们都能理解小李的心情和感受，但是小李应认识到失恋也只是失恋而已，她并不是什么都失去了。同时应明白尽管事情难以接受，但这已是事实，自己要学会面对。第二，纠正自己不合理的想法。因感情受挫，短期内出现一些不合理的、绝对化的认知和评价是可以理解的，但如果长期坚持这种不合理的想法，就要引起重视了。应积极主动检视和调整自己的认知模式，用合理的思维方式代替不合理的思维方式。另外，换个角度来看这个问题，它也并不完全是一件坏事，结婚之前就发现这个问题，总比结婚以后再发现，对自己的伤害要小一些。第三，学会自我放松。比如与朋友一起交流、运动或者旅行等，让自己的心思从失恋的悲伤中走出来，也让自己的心情得到放松。第四，培养自己的意志品质，增强面对挫折的能力和素质。

案例5　落花有意，流水无情

人物素描

季××，男（29岁），某局工程师。工作单位在东南方向一座偏僻的小岛，远离城市，开车到镇上需要近两个小时。上学期间交了一个女朋友，双方关系一直不错。毕业后由于工作原因，两人待在不同的地方，相距千里。工作的特殊性决定了小季一年中必须有近十个月时间待在岛上。

原来分手可以这样狠心

最近女朋友提出要分手，原因是常年见不到人，一个最让人伤心却又现实的理由是“女人是需要陪的”，但工作的特殊性决定了小季短期内不可能回内地工作，与恋人厮守。

小季一直以为两人感情很好，很稳定，对方一定能理解他，没想到对方突然提出分手，并且不留任何回旋的余地，切断了两人所有的联系方式，不愿再和小季多说一句话。小季内心受到的打击非常大，一病不起，整日精神恍惚。

专家把脉

小季的情况，在履行特殊职责的技术人员当中是较常见的。重要的是要学会如何去调整失恋后的心态。

专家支招

失恋是青年择偶时期经常会遇到的情感挫折，处理不当会引发心理困扰。要摆脱失恋的痛苦，可以尝试接受以下观念和步骤。

第一，要明确爱情不是生活的唯一内容。有一位作家曾经说过：“难道男人的全部生活目标就在于控制一个女人，而女人的全部生活目标就在于控制一个男人吗？不，从来不是。”爱情是生活中的重要内容，但绝不是生活的全部，人生的意义主要在于对事业的追求和对社会的贡献。明白了这一点，就从理智上认清了苦恼无益，应尽快解脱出来。

第二，不因失恋而失去对自己和别人的信心。现实生活中，失恋者总爱把问题归结为某一方，要么是我的问题，要么是他（她）的问题；要么是自己不值得爱，要么是对方不值得爱。严重者甚至把失恋等同于失败，对自己和别人都失去了信心，不相信世界上还有真爱，不相信还会有人再爱自己，或者不相信还有人值得自己爱。如果换一种思路，把失恋看作两个相爱的人在相处过程中发现彼此不适合而决定中止恋爱关系，这样失恋就不再令人难以忍受了。相反，失恋还可以帮助人们积累重新寻找恋人的经验，使自己少走弯路。

第三，要确立“天涯何处无芳草”的理念。爱情的对象并非唯一的。事实上，适合某个人的条件好的异性在各个阶层、各个地方都存在，既然如此，就没必要死死纠缠住某一个人（当然，你只能选择唯一一个并为此承担责任）。这个世界很大，可以尝试的机会很多，只要我们有耐心、有信心，就一定能找到让彼此都满意的终身伴侣。就像俄国著名诗人普希金所说的：“假如生活欺骗了你，不要悲伤，不要心急，阴郁的日子需要镇静。相信吧，那愉快的日子即将来临。”

最后，不要幻想不现实的“破镜重圆”，成为已失去爱情的殉葬品。有些青年人在失恋后，长时间不能摆脱过去的恋情，每天靠重温旧梦生活，并抱有侥幸心理，痴心地期盼着“破镜重圆”，重归于好。爱情是建立在双方自愿基础上的，一厢情愿、勉强结合将会带来更大的不幸。所以说，这种做法是在追求一种虚无缥缈的“空中楼阁”。当然，更不能“爱之不成，恨之入骨”。从心理学上分析，爱情是个体心理能量的最大调动，（沉浸在热恋中的人会将所有的精力和关注点都倾注在对方身上）这种被调动起来的能量如果突然失去了释放的对象，在内心大量积累，必然要寻找“喷射口”。一旦这种力量以不可控的程度喷向对方，就会导致灾难性的后果：暴力、毁容、投毒直至毁命。作为年轻人，应学会用对事业的追求来忘却失恋的痛苦，把因失恋产生的挫折感和压抑感升华为奋斗的动力，要有“你看不起我，我偏要成就一番事业来给人看”的志向，做到失恋不失态、失恋不失德、失恋不失志。

【心灵物语】

- 关于逝去的爱情

能冲刷一切的除了眼泪，就是时间，以时间来转移感情，时间越长，冲突越淡，仿佛不断稀释的茶。

案例 6　牛郎织女的相思泪

人物素描

朱××，女（31 岁），某局助理研究员，刚结婚半年多。丈夫也是同行，主要工作在户外，常年待在远离都市、杳无人烟的深山中，每年回家的时间不足 3 个月。

人道相思苦

结婚后，丈夫在家待了不到两周就又回单位了，一去大半年没有人影。现在每当看到一对对情侣挽着胳膊，在公园湖畔情意绵绵时，她的内心总觉得无比凄凉，经常吃不香、睡不安；在与丈夫分离后，每日牵肠挂肚，终日期待着丈夫的音讯，备受离愁别绪的煎熬。

专家把脉

处在热恋中的人们一旦分离，就会有“一日不见，如隔三秋”的情感体验。只要这种情感不超出一定的限度，都是正常的，并且还会因此加深恋人之间的感情；但如果相思过度，则可能造成身体和心理上的伤害。

专家支招

要正确认识婚恋，摆正爱情的位置。应当把爱情作为事业的动力，不要让爱情成为事业的累赘。爱情是一种高尚的、动人心扉的感觉，是人世间一种最美好的情感。甜蜜的爱情生活，能给人以智慧、力量和希望，鼓舞人们积极开创更加美好的生活。然而，爱情并非生活的全部，它不仅表现为花前月下的卿卿我我，更存在于共同的理想和追求之中。生活经验告诉我们，爱情是终身大事，但并不是头等大事。一个人如果只沉溺于爱情，他的生命之火就会在情意绵绵的温水中慢慢熄灭。有人形象地说："爱情似花，事业如土，两者有机结合，才会生长开放，绚丽多彩。"

要以积极的态度看待与恋人的离别，不断充实爱情生活的内容。恋人间的离别，往往会使双方感到分离后的忧伤和痛苦，进一步感受到爱情的珍贵和对方在自己心目中的地位，从而更加珍视彼此间的感情。此时，我们可以改变一下对恋人的思念方式，如写写日记，记下自己对对方的思念之情，可以使压抑的情感得到合理的抒发和宣泄；在具有特殊意义的日子里，做一件有意义的事情，以表达自己的思念和重视；把日常生活中自己所做的每一件事情，都看作是为了双方的幸福和未来而做的积累等。这样可把自己对亲人的思念转化为更加积极的内容，给自己的生活增添些浪漫的色彩，同时也会减少单纯的苦苦相思带来的伤感。

案例7　分身乏术

人物素描

王××，男（45岁）。某局业务处处长。妻子在医院工作，经常白天和晚上倒班，周末有时也不能休息。家有一女，刚上初一。

事业和家庭，真的分身无术吗

王处长身兼业务和行政管理工作，头绪繁多，且迎来送往之事较多，因此经常加班或应酬，很晚才能回家，妻子为此常与其吵嘴。最近一个周末，原本说陪女儿逛公园，但单位临时有事要其去处理，无奈让女儿自己去玩，孩子外出途中不幸遭遇车祸，小腿骨折，虽全力抢救，但仍留有后遗症。妻子因此不能原谅他，非要离婚。

专家把脉

出现这种问题，对家庭来说是很不幸的，但问题已出，生气使性子并不是解决问题的根本办法，最关键的是如何解决目前的问题以及今后生活中应注意的事项。

专家支招

王处长的当务之急，是要让妻子冷静下来，原谅自己。但要注意把握好火候，妻子一直在气头上，自己切不可意气用事，要做到打不还手、骂不还口。如果妻子确实一时难以消气，可暂时“冷却”处理，但这种冷却不是什么都不做，而是不要在她面前晃悠，要在私下里悄悄地做一些弥补双方感情的事。两人走过那么多年的风风雨雨，肯定会有让彼此非常感动的事情，那么这时候就重新再来一回，用心去感动她，在平时的生活中要学会与妻子和谐相处。

首先，夫妻应该互相关心、互相帮助、互相体谅，将家庭与事业统一起来对待。摆正家庭与事业的关系，关键是要夫妻同心、认识一致。彼此想法相同，就能共同想办法把家庭生活安排好，双方既努力工作，又能照顾家庭。比如，丈夫可能正紧张地进行一项工作，回家的时间少了，妻子应该给予充分理解和支持，把家庭生活的担子挑起来。丈夫也要体谅妻子既要工作又要顾家的难处，回家时，应主动多做一些家务，让妻子腾出时间休息和学习。又如，妻子的工作性质是晚班多，丈夫要尽可能在饮食、起居方面多加照顾。夫妻都能做对方的“贤内助”，使对方无后顾之忧，就会化阻力为动力，使各自在工作上取得成绩，夫妻也会更加恩爱，家庭更加和美。

其次，夫妻之间要经常交流情况。夫妻可能工作相同，也可能工作差异甚大。夫妻之间可能一方担负的工作责任大一些、忙一些，一方工作单纯一些、轻松一些；夫妻可能一方搞科技工作，一方是体力劳动者等。不管夫妻之间的工作性质、职务有何不同，在家里的地位是平等的。夫妻要互相尊重，关于自己的工作情况、有什么打算和成绩、碰到什么困难，都应彼此交流，使对方了解自己，获得对方的支持（当然，也要注意保密）。有些人以为自己干的工作讲了对方也听不懂、理解不了，不愿意向对方谈，实际上是瞧不起对方。对方不理解自己，也就不可能支持自己，有时还可能产生埋怨情绪，如果这样，要想把家庭生活安排好，使双方都能安心工作，就不是那么容易了。

第三，业余时间夫妻要多和孩子在一起。上班时，夫妻都忙于工作，集中精力把分内的事办好。下班后，夫妻就应该多在一起，共同安排家务劳动，共同筹划小家庭的建设，有孩子的家庭要多陪孩子，彼此谈心，交流感情。

【心理小故事】

一天柏拉图问老师苏格拉底“什么是爱情”？苏格拉底叫他到麦田走一次，要不回头地走，在途中要摘一棵最大最好的麦穗，但只可以摘一次。柏拉图觉得很容易，充满信心地出去。谁知过了半天他仍没有回去，最后，他垂头丧气地出现在老师跟前诉说空手而回的原因：“很难看见一株看似不错的，却不知是不是最好，不得已，因为只可以摘一次，只好放弃，再看看有没有更好的，到发现已经走到尽头时，才发觉手上一棵麦穗也没有。”这时，苏格拉底告诉他：“那就是爱情。”

另一天，柏拉图又问老师苏格拉底“什么是婚姻”？苏格拉底叫他到杉树林走一次，要不回头地走，在途中要取一棵最好、最适合用来当圣诞树用的杉树，但只可以取一次。柏拉图有了上回的教训，充满信心地出去。半天之后，他一身疲惫地拖了一棵看起来直挺、翠绿，却有点稀疏的杉树。苏格拉底问他：“这就是最好的吗？”柏拉图回答老师：“因为只可以取一棵，好不容易看见一棵看似不错的又发现时间、体力已经快不够用了，也不管是不是最好的，所以就拿回来了。”这时，苏格拉底告诉他：“这就是婚姻。”

再一天，柏拉图又问老师苏格拉底“什么是生活”？苏格拉底还是叫他到树林走一次，可以来回走，在途中要取一朵最好看的花。柏拉图有了以前的教训，又充满信心地走出去。过了三天三夜，他也没有回来。苏格拉底只好走进树林里去找他，最后发现柏拉图已在树林里安营扎寨。苏格拉底问他：“你找着最好看的花了吗？”柏拉图指着边上的一朵花说：“这就是最好看的花。”苏格拉底问：“为什么不把它带出去呢？”柏拉图回答老师：“我如果把它摘下来，它马上就会枯萎。即使我不摘它，它也迟早会枯萎。所以我就在它还盛开的时候，住在它边上。等它凋谢的时候，再找下一朵。这已经是我找着的第二朵最好看的花了。”这时，苏格拉底告诉他："你已经懂得生活的真谛了。"

案例8　疏离的亲子关系

A. 人物素描

韩××，女（37岁），某局副研究员，科长。工作能力突出，责任心强，担任某课题组负责人，因工作业绩突出，多次立功受奖，典型的女强人。

妈妈是不是不爱我

家有一女，今年6岁，由爷爷、奶奶代为照看。承担攻研任务时，韩科长经常白天黑夜地带领同事们加班攻关，三四天不回家是常有的事，就是回家也多在孩子已经休息的深夜，与孩子交流很少。在孩子的印象中，母亲是一个比较陌生的概念。由于长期与孩子缺乏交流，女儿对她比较生疏，有一次竟然问爷爷、奶奶："妈妈是不是不爱我？不然为什么总不陪我玩。"前段时间，韩科长休息几日，带孩子出去旅游了一次。这本是加深母女感情的好机会，可一趟旅游下来，孩子不仅没有与她加深感情，反而因沟通方式有问题，孩子回来后再也不理她。这使韩科长特别受打击。

专家把脉

韩科长的问题，其实是一个沟通方式的问题。与孩子沟通是需要一定技巧的，很多时候大人是按照自己的思维方式去理解孩子，而这恰恰是问题之所在，孩子们都有属于自己的想法。

专家支招

想要处理好与孩子的关系，首先要明白他们在想什么。这个过程很重要，一定要学会耐心积极地倾听孩子的心声，给予无条件的关注，交流过程中不要随便打断他们的话，更不要先给孩子的想法定性、扣帽子。让孩子感觉到你在关注他（她）的事情，对他们的问题感兴趣，这本身就是一种交流的技巧。同时，这也会促进你对孩子的了解。其次，尊重孩子的想法。只要是不违背法律、规范以及道德、习俗的问题，都可以让孩子自己做主。即便是需要矫正他们的想法，也要像与成人谈话那样谈出你的观点，坐下来平心静气地就问题本身进行探讨，让他们自己发现自己的问题，这样孩子本身也会有成就感。最后，多关心孩子。要会关心孩子，关心他们的成长，关心他们的心理健康。用心去关爱，不要觉得他们不能理解，事实上孩子们的理解能力远比我们想象的要强得多。

【心理知识加油站】

- 与孩子沟通的技巧

父母不该做的事

和孩子在早上讲话，尤其是当他还在想今天其他的活动或是还没睡醒的时候。

直视他的眼睛。

问一般的问题，如“你今天在学校怎么样?”

话题集中在琐事上。

给他们不需要的建议。

当他在讲困扰他很久的事时，应付地说“我知道了”。

对某些事情一而再、再而三地说自己的看法。

父母该做的事

并肩坐着取代面对面。当孩子不觉得你在盯着他们时，比较容易打开心扉。

在活动间隙和他们谈谈。孩子喜欢在打球、坐在车上（你在开车）、吃东西时，分享他的感觉。

让他们发泄。训练自己倾听他们情绪性的字眼，他们常常会说“我很烦”“我很郁闷”等。

问特定的问题，但以正面的态度。你可以问：“你的老师怎么说你这次的成绩?”

谈大范围的话题，如电视节目、运动、音乐、美食，甚至政治。但话题内容应该正面，有助于了解彼此。

用言语赞许他们的想法，如“好主意”“这样做很好”，如果他需要建议，做好准备，不要只给一个答案。

用开放式问句鼓励他们谈他们的世界，如“你同学怎么说”“你那时候怎么想”

B. **人物素描**

李××，女（40 岁），某局高级工程师。性格温和，工作踏实认真，非常热爱自己所从事的工作，甘于奉献。

由于工作性质，她经常要到外地出差，一般一次任务安排要持续 3 个月到半年，这期间都没办法回家，只能和家人电话联系。李工的爱人也从事同样的工作，一家人聚少离多，孩子出生后，大多数时间放在亲戚朋友家里照顾，后来爱人回到孩子身边，孩子就基本和爸爸在一起。她说忍受工作时的孤独寂寞是其次，最重要的是从孩子出生到长大，自己基本没怎么陪过她，不能让孩子感受到妈妈对她的爱。想到孩子与她感情比较疏远，不太能理解她，她就忍不住落泪。

专家把脉

这样的问题对单位女同志来说，可能是经常碰到的，做母亲的哪有不想多和孩子在一起，多沟通交流的，但工作有时需要我们做出一些牺牲，好在我们可以通过一些方式来弥补这份感情。

专家支招

很多母亲会担心自己没有经验、工作繁忙、住房条件不理想等，影响孩子的心理发展。其实这低估了婴幼儿的心理能力，绝大多数婴幼儿有主动适应环境的能力。在没有语言表达能力时，他努力用笑、眼睛的追随、手舞足蹈、哭来表达内心趋向，讨好并控制母亲或照料他的人。母亲或养育他的人不要挫败孩子这样的努力，给予必要的回应可以鼓励并激发孩子努力发展与人交流和建立亲密关系的能力。

如果孩子在两岁前，母亲由于种种原因，如外出、产后抑郁、让保姆或奶奶全权喂养，没有与孩子形成好的亲子关系，该怎么办呢？孩子在前两年已经出现一些心理发展问题，又该怎么办呢？不要担心，只要孩子五岁前能回到父母身边，一切都来得及。（即便错过了这个时机，也不是说就没机会同孩子形成良好关系，只要用心去关爱，什么时候都不晚）。儿童的发展其实并不像精神分析说的那样是一种时间性、顺序性很强的线形发展，儿童的心理发展很多是齐头并进、并存不悖的。儿童的心理发展也可以看成一种心理欲求，这种欲求的满足可以因环境而延迟或阶段性潜抑，只要母亲给予孩子无条件的接纳、欣赏，并适当地增加与孩子的躯体接触，给予温暖的拥抱、轻柔的抚慰、细心的照料，孩子仍旧可以重新产生对母亲的依恋。唯一不同的是，这种依恋可能会维持得比普通孩子更长一些。

四、积极应对挫折压力

案例1　老梅的疲惫

人物素描

梅××，男（48岁），某局研究员。长期担任某重点方向课题负责人，工作认真负责、勤勤恳恳，多次取得重大突破。由于长期认真学习和工作，老梅在该领域积累了丰富的经验。但后来出了泄密事故，研究工作突然陷入停顿，所有工作都需重新开始。作为该方向的重要专家，老梅面临着巨大的压力。

主要问题

当上级下达应急任务后，老梅作为这方面的专家，自然挑起了这副重担，带领课题组夜以继日地工作，每天休息三四个小时，已有两个多月没有好好休息过一天了，如今离任务完成的时限越来越近，可任务并未取得实质性进展。这几日，老梅感觉身体极度疲惫，浑身酸痛，更糟糕的是，他越是紧张劳累，晚上越是睡不好，已有近一周的时间天天失眠。晚上休息不好，白天精神萎靡，老梅陷入恶性循环中，状态十分糟糕。

专家把脉

作为特殊行业的骨干，承担特殊任务是技术人员的职责，也是他们的神圣使命。像老梅这样的情况，技术人员应该是会经常碰到的。技术人员这种吃苦耐劳、连续作战的精神也是大家有目共睹的。靠着这种精神和作风，他们攻克了一个又一个难关，取得累累硕果。但是，这样的劳累也给技术人员带来特别大的压力，不仅影响了身体健康，更对工作造成不利影响。

专家支招

试想，一群筋疲力尽的人和一群精力充沛的人，哪组的效率会更高呢？答案不言而喻。以一种适度紧张的心态来对待工作，会有更高的效率，而过度的紧张则不利于人们的能力的发挥。

对于那种没有全身心投入工作的同志，要经常教育他们勤劳刻苦、连续奋战。而对于一群本来就拿工作当生命的人来说，则应该时常提醒他们适当地休息。这不仅是对技术人员本人的疼爱，更是对工作真正的负责。同时，在紧张工作的间隙适时地休息，也有利于思维的开阔。灵感往往是在这样的瞬间迸发出来的，古今中外这样的事例举不胜举。从心理学的角度来看，如果长期拼命地工作，注意力都集中在意识层面，变得过分强大，会导致人的潜意识受到压抑，其功能的发挥就会受到抑制。其实在长期工作的过程中，一些有价值的信息已经悄悄地进入我们的潜意识层面，工作间隙适时的休息，有助于潜意识功能的发挥，我们不要觉得休息是在浪费时间，休息是为了更好地工作，说不定在下一个瞬间，破解一个跨世纪难题的方法就被你找到了。

【心理小故事】

一辆载满乘客的公共汽车沿着下坡路快速前进着，有一个人在后面紧紧地追赶着这辆车子。

一个乘客从车窗中伸出头来对追车子的人说：“老兄！算啦，你追不上的！”

“我必须追上它，”这人气喘吁吁地说，“我是这辆车的司机。”

（注：有些人必须非常认真努力，因为不这样的话，后果就会十分悲惨。然而，也正是因为必须全力以赴，潜在的本能和不为人知的特质终将充分展现出来。）

案例 2　孙科长的苦恼

人物素描

孙××，男（35 岁），某业务科科长。科里几乎全是年轻人，个个干劲十足。但科里承担的是成果相对难出的任务：有两个课题已经研究快两年了，还不见有眉目；有一个课题已经拖了三年；另一个课题已经过了结项期限，却没有什么成果。由此，该科连续三年没有立功受奖了。科里的同志都非常勤奋努力，可就是出不了成果，作为科长，孙××压力特别大。

集体的事大家担

孙科长最近发现同志们的工作热情不像原来那样高，感觉科里死气沉沉的，一次科全会上，几个青年同志同时提出离职申请，而这几个同志都是业务骨干，平时工作也都非常热情负责。

专家把脉

孙科长遇到的问题并不少见。许多单位可能会碰到这样的情况，不是我们的技术人员本身不够努力，而是面对的骨头太难啃。工作当然还要做，但还有一个很重要、很急迫的问题需要解决，那就是人心、士气的问题。看过《亮剑》的同志们应该有印象，同样是一支队伍，在李云龙手里就会变成一群“嗷嗷”直叫的狼，为什么呢？其实就是人员的士气问题。“城可破，血可流，人心士气不可丢。”

专家支招

首先，科长应以身作则。一个好的领导，在任何情况下都不能自己先泄气。领导的作用不仅在于职位影响力，更重要的是自身的人格魅力。在危难紧急、大是大非面前，领导的心态直接影响着部属的行为和心理。领导要关心爱护部属，古语“士为知己者死，女为悦己者容”的观点，是有它的道理的。通过领导干部的个人魅力，凝聚起一个高度团结的集体的做法，是任何单位都需要的。

其次，营造积极向上的氛围。通过组织各种集体活动，营造氛围，凝聚人心。工作上受阻，我们可以从生活上突破，让技术人员感受到这个集体的温馨和温暖，使大家愿意在这个群体中工作、拼搏。

最后，关注年轻人的成长。调查发现，当今时代技术人员的成就动机很高，尤其是青年技术人员。而高成就动机伴随着即刻满足与高成长需要，因此即便在没有取得大的成果时，也不要忘记适时肯定鼓励同事。这几年一些技术研发单位在评功评奖上，也逐渐考虑到各种特殊岗位的实际情况，适时给予奖励。其实，这方面的做法还有许多，相信各级领导者都会有自己的见解。只要我们坚信，有一群朝气蓬勃的青年在群情激昂地干事业，那么离成功就会更近一步。

心灵物语

人生的一半是问题，另一半是如何解决问题。

案例 3　小刘的倦怠

人物素描

刘×，女（26 岁），某局助理工程师，性格活泼开朗，头脑灵活，爱动不爱静。从事某一线工作，工作性质要求她必须长期细心与认真。

为什么每天都感觉这么累?

刚从事这项工作时，小刘还能认真细心地工作，可时间一长，小刘就有些坐不住了，经常坐立不安，上班期间经常走神，有一次差点造成重大失误。回想起来，她不禁感到后怕，于是每天提醒自己要认真、细心。这样几天下来，小刘觉得非常疲惫，有时还觉得头疼背酸。

专家把脉

管理心理学认为，不同的岗位对人的能力有不同的要求，而每个人的能力也有所不同。如果能力和岗位相匹配，自然是一种最理想的状态。但我们知道，人的可塑性是很强的，尤其是青年同志，工作经历有限，很多时候并不知道真正适合自己的职业是什么，只有在用心去做之后，才会发现最初的想法并不一定是正确的。

专家支招

前辈们的经验告诉我们，只要用心去做，我们还是有很大潜力做好各种工作的。对待工作，认真、细心是必不可少的，但认真和细心只是每个人的习惯，活泼外向的人可以很认真细心，安静内向的人也可以认真细心，所以在这上面不存在能不能干的问题，而是要调整自己的心态，养成一个认真细心的好习惯。同时，作为青年技术人员，只有在尽可能多的基层岗位上实践锻炼，对单位的工作才能有更深切的体会，从而为将来的工作积累足够的经验和知识储备。

案例4　小洪的消沉

人物素描

洪×，男（29岁），某局工程师。思维活跃、精力充沛、自尊心强，有着强烈的成就期望，一心想做出一番大事业，喜欢有挑战性的任务，平时工作加班加点，从不叫苦叫累。

当干劲不再

入职后，小洪各方面工作都比较突出，在科里也逐渐成长为年轻的骨干力量。去年科里交给小洪一个课题，刚开始他干劲十足，可没过多久就发现这是块难啃的骨头，经过无数次尝试一直没有进展。慢慢地小洪开始感到失望，最初的那股冲劲被消耗殆尽，再也打不起精神，昏昏沉沉的，在人前也不自信了，像霜打的茄子一样。

专家把脉

小洪的问题是个普遍问题，类似的情况每个人都有可能遇到。小洪目前的心态相当消沉，一个人的情绪若经常处于这种状态，会对工作、生活丧失信心，引起心理活动失调，严重的还有可能造成心理障碍。

专家支招

我们要学会克服这种困难，树立一切重新开始的信心和决心。生活中，我们可以看到，每位成功者的背后往往有着许多失败和挫折。对此，他们没有灰心放弃，而是百折不挠，寻找机会，重新踏上生活的旅程。“人生不如意事，十之八九”，在工作和生活中，每个人不可能时时称心、事事如意，遇到挫折、坎坷在所难免。对于发展一直比较顺利的技术人员而言，遭受挫折、失利会使他们产生更大的心理压力，感到难以承受，认为前途一片黑暗。遇到这种情况，暂时的痛苦和低落是正常的，但若长时间摆脱不了痛苦的阴影，甚至悲观厌世，那就不正常了。大多数成功的人，都曾屡遭挫折和失败，最终才品尝到成功的喜悦。因此，要想取得成功，就必须经受考验。一时、一事的失利，并不代表以前和以后都是失败的。

面对问题，要调整心态，笑对工作和生活中的各种磨难，认识到磨难恰恰是我们成长的动力。就小洪的具体问题而言，主要是课题受阻。首先，放松心态。要认识到，这在我们的工作中是一种很常见的事情，有许多课题连续多年都无法取得成功。其次，树立不怕吃苦、一定拿下的决心。只要是问题，就一定会有解决的办法。第三，调整思路。“条条大路通罗马”，这种方法不行，可以换条路走走。比如多向老专家和周围的同事请教，集思广益，说不准谁的一句话就能令你茅塞顿开。第四，可暂时放一放，把自己从问题中抽出来，过一段时间再说，很多时候你会发现解决问题的方法原来就在那里等着呢。

【心理知识加油站】

● 挫折对心理健康的消极影响

有一个关于跳蚤的实验。把一只跳蚤置于一个四壁及顶盖都透明的杯子中，一开始它不断地试图跳出这个杯子，几经碰壁，就渐渐地放弃了努力。最后，就是打开这个盖子，它也不会再跳起来企图逃走了。这是因为跳蚤通过学习，适应了“跳也无用，不如不跳”的生存法则——“反正没用，所以我才懒得动。我万一又失败了呢?”有些青年经常为挫折所困，自我评价很低，因为几次失败的经历，就对未来感到失望，成就需求和抱负水平开始下降，感到前途黯淡，就像实验中的跳蚤那样放弃继续努力，逃避面临的难题或挑战性的问题。

● 挫折对心理健康的积极作用

温水煮青蛙的故事相信大家都听说过。这个故事告诉我们一个道理——突如其来的外在刺激或强敌往往能使人奋起面对，发挥出意想不到的潜力。而慢慢地腐蚀却往往使人放松警惕，直至最后出现大的问题而一蹶不振。当生活的重担压得我们喘不过气，挫折、困难堵住了四面八方的通道时，我们往往能发挥出超乎寻常的潜能，杀出重围，找出一条活路来。而在努力奋斗、战胜挫折的过程中，我们的内心也会得到磨砺而不断成长。

案例5　小赵的失衡

人物素描

赵×，男（28岁），某局助理工程师。从事研究工作，业务方面一直表现良好。

这个世界太不公平

因所研究方向比较难出成果，小赵工作两年半未曾立功受奖，而同批进入单位的另一同学因所在单位在某一领域取得重大进展，获集体三等功，个人也获嘉奖一次，年终调职提前晋升为工程师。小赵由此感觉极不平衡，心情抑郁，工作提不起精神来。

专家把脉

小赵之所以出现这种心理，其实是攀比心理在作怪。攀比心理是人以自己设定的判定标准为参照系，在具有“同等条件”的群体中进行对比，从而产生的“不公平”“不如人”的心理状态。这种心态具有三个明显的特点：一是趋高性，在攀比中攀高不攀低、攀好不攀差。二是片面性，即总是站在自己的立场，拿自己的优点与别人的缺点比，看不到别人的成长和进步。三是负效性，即根据上述比较的结果，容易产生“损失感”，得出自己“倒霉”“吃亏”“没面子”的负性结论，进而出现情绪低落、破罐子破摔、敌视反抗等负性情绪。

专家支招

首先，我们不要盲目用别人的“标准”来衡量自己。而应将今天的我与昨天的我做纵向比较，为自己获得的进步而欢欣鼓舞。如果要比，那就不仅要比进步的快慢，更要比能力的高低和对单位贡献的大小。另外，还要学会从全局的角度去看问题。一般来说，站得层次越高，视野越开阔，对事物的看法就越全面、公正。

拿小赵的情况来说，如果真的是工作本身的原因导致自己的进步暂时慢些，不要失望郁闷，因为一旦有一天自己在这项工作中取得成就，那这个成就的含金量可就要大得多了，那时自己自然会迎头赶上。要淡化虚荣心，把与他人比较而产生的“没面子”，转化为促使自己奋发向上的动力。当发现自己暂时落后了，应暗暗地给自己鼓劲，好好努力，争取早日立功受奖。

其次，要正确选择参照群体，一定要选准比较的靶子或目标。在生活上、待遇上、地位上，要与比自己低的人比较。“前人骑马我骑驴，后面还有推车夫。”这样一比，不仅可消除许多苦恼，还能增加几分生活的勇气。中国有句俗语：“比上不足，比下有余。”也就是说，同样的情况，同一个人，因选择的对象不同，其对比结果是不同的。在工作上与先进人物比，生活待遇上与贫困地区的百姓比，这样我们就不会心理失衡了。作家海伦说得好：“我一直在哭，一直在哭，哭我没有鞋穿。直到有一天，我看到有人没有脚——我由此懂得了幸福的真正内涵。”

【心灵物语】

- 每个人都有自己的活法

自己的伤痛自己清楚，自己的哀怨自己明白，自己的快乐自己感受。也许自己眼中的地狱，却是别人眼中的天堂；也许自己眼中的天堂，却是别人眼中的地狱。生活就是这般滑稽。不要总疑春色在人家，关键在于如何调整好自己的心态。

过好自己的生活最重要，不攀不比。

佛曰：笑着面对，不去埋怨。悠然，随心，随性，随缘。

案例6　楚工的无奈

人物素描

楚××，女（40岁），某局工程师。从事某项工作15年，虽未有突出表现，但一直勤勤恳恳。

为什么好事总轮不到我

多次评高级工程师，均因成绩不够突出而未获通过。今年原本有望荣立三等功，但因局里重点奖励有显著进步的青年，她便与立功擦肩而过，评职称也不得不再次推迟。由此，她感到心灰意冷，觉得组织对不起她，工作不再认真负责，经常迟到早退，领导找其谈话，她便诉苦，说自己没有功劳也有苦劳，抱怨组织不公。

专家把脉

由于技术单位工作的特殊性，这样的情况会经常碰到，作为个人要能够理解大局，调节好自己的心态。

专家支招

当今的企业中流行着这样一句话，"没有功劳，就只有疲劳"。面对埋头苦干的人，老板不忍苛责，因为他真的很努力；老板也不能放弃，因为他内心很为公司着想。可是，面对只会埋头苦干的人，老板也很苦恼：因为他没有太多的才能，可是又不得不每年给他加薪；他不懂管理别人，可是又不容易被人管；他做不出成绩，却有可能妨碍别人做出成绩。如果想提升自我，就一定不能抱着"没有功劳，也有苦劳"的观念。如果我是一个学生，十二年寒窗苦读，结果不幸高考落榜了，我们不会对国家说"我没有功劳也有苦劳，给我一个学校念吧！"评功授奖是引导大家更好地工作，为我们的工作更快地发展添加促进剂。在这样的时刻，牢骚抱怨并不能解决问题。我们应该加强自身能力和素质建设，与时俱进，不断提升自己的业务水平和工作能力，为单位做出更多贡献。相信到那时，站在领奖台上的一定是自己。

案例 7　董工的期望

人物素描

董×，女（39 岁），某局工程师。个人能力与素质一般，但是本人觉得自己的能力不比别人差，自我定位和期望比较高。

我应该得到更多

因为总觉得别人对她的能力的认可达不到自身的期望，所以看什么都觉得不公平，与人交流困难，对什么都不满意，成天牢骚满腹，对老公也不满，埋怨他比自己级别高、拿的钱比自己多。

专家把脉

古希腊的神庙上刻着一句话——“认识你自己。”多少年来，人类在探索自然、探索社会的同时，也在不断地探索着自身。这就是自我意识问题。自我意识是个体对自己的看法和态度，包括对自己的存在以及对周围人和物的关系的认识。

专家支招

自我意识是个多维的、复杂的心理系统，它的形成和发展对人格的发展具有重要意义。自我意识使人们对客观环境具有一定的选择性，如果一个大学生认识到自己知识贫乏，需要博览群书，他就会在学习上多下功夫；但如果他认识不到，就会像骄傲的孔雀一样，满足于象牙塔里的环境或大学生的身份。自我意识对人的人格发展起到反馈和调节作用。现实中，人们总是反思自己，不断领悟，朝着对自己有益的方向发展自己的人格。而自我意识存在缺陷的人，则容易在人格上出现问题。

董工的问题实际上是一个自我认识和自我评价的问题。最好的解决办法是让她做一个全面的自我评价，包括优点、缺点，并且评价要具体且可操作。将这些评价记录下来，然后通过实践去检验，看是否达到自己所认为的水平。在此基础上，对自我评价做出修改，直到有一天不再改变，并且都经过了实践的检验，这时她的自我认识应该就比较成熟了，而她的问题也就迎刃而解了。

【心理小故事】

乞丐：“能不能给我一百块钱？”

路人：“我只有八十块钱。”

乞丐：“那您就欠我二十块钱！”

（注：有些人总以为上苍欠他的，老觉得老天爷给的不够多、不够好，

贪婪之心早已取代了感恩之心。)

案例8　小陈的窘迫

人物素描

陈×，男（30岁），某局机关干部，单位所在地为某大城市，各方面消费水平均较高。父母为农民，家庭条件较差。所在单位年轻同事多来自城市，家庭条件相对比较优越，一起工作的人多数已有房有车，而自己工作几年刚还完家里的贷款，手中积蓄尚不够在该市付一套小户型的首付。因房子问题，至今未婚。

人穷志难长啊

生活在这样的圈子里，小陈感觉压力特别大，平时同事聚会，去也不好，不去也不好，心中甚是自卑。而工作性质又决定他不可能出去兼职挣外快，看着别人整天车来车去，生活得滋润幸福，心中难免羡慕和自嘲。

专家把脉

这种问题在当今社会是很普遍的问题，所以在单位出现也不算是特殊情况，主要还是看当事者怎么面对。

专家支招

有句话说得好："我们不能选择自己的出身，但可以决定自己的人生。"

既然选择这份职业，就意味着担负特殊的职责，就应有笑谈功名利禄的淡泊与坦然。扮演好自己的角色，认同自己所从事的工作，对"外"抗干扰，对"内"不自扰，切忌患得患失。面对精彩纷呈的外部世界，面对亲朋好友的发财、升官、出国……一定要有"咬定青山不放松"的韧劲，坚定自己的道路，要会分辨花花世界中的真善美。向我们的老专家、大学者学习，给自己树立一个事业上的目标，让自己忙起来，那么这些郁闷、不快自然就会躲得远远的了。同时，设想一下，当哪一天你的事业达到高峰，你的物质、精神生活都很富足了，再回头来看现在的生活，你会发现现在的一切是那么值得怀念。另外，随着工资待遇的提高，我们的物质生活条件也会逐渐改善，你所羡慕的东西迟早会有的，就像俗话说得那样，“面包会有的，房子会有的，一切都会有的”。所以，先干好工作，其他的不是我们现在要担心的问题。

【心理小故事】

故事1：父子二人在大街上看到一辆十分豪华的进口轿车。儿子不屑地对父亲说：“坐这种车的人，肚子里一定没有学问！”父亲则轻描淡写地回答：“说这种话的人，口袋里一定没有钱！”

（你对事情的看法，是不是也反映出你内心真正的态度？）

故事2：一个穷人与妻子、6个男孩子，以及女儿、女婿共同生活在一间小屋内，局促的生活空间让他感到活不下去了，便去找智者求救。穷人对智者说：“我们全家这么多人只有一间小木屋，整天争吵不休，我的精神快崩溃了，我的家简直是地狱，再这样下去，我就要死了。”智者说：“你只要按我说的去做，情况就会好很多。”穷人听了这话，当然是喜不自胜。当智者听说穷人家还有一头奶牛、一只山羊和一群鸡时，便说，你回家去，把这些家畜带到屋里，与人一起生活。穷人一听大为震惊，但他事先答应要按智者说的去做，只好依计而行。人畜同居一室，穷人的痛苦可想而知。穷人又去找智者，智者让他把那些牛呀、羊呀和鸡呀分批赶出房子。

故事的结局是这样的：穷人又找到智者，他是一路跑着来的，满面红光，兴奋难抑，拉住智者的手说，“谢谢你，智者，你又把甜蜜的生活还给了我。现在所有的动物都出去了，屋子显得那么安静、宽敞、干净，您不知道我有多么开心！”

【心灵物语】

● 不做欲望的奴隶

人们总是叹息“飞蛾扑火”；人们总是讥讽“鱼儿上钩”；人们总是笑话“自陷泥潭”。但是如果仔细想一想，在我们生活的周围，这种欲望的悲剧还少吗？人心不足蛇吞象。放纵自己灵魂的人，最终会失去真正的自由，必须时刻警惕不良欲望。

要善于去除不良欲望，不可放纵自己。

物质贫乏不可怕，可怕的是心理贫困。贫困常与潦倒相连，人穷常与志短相关。心理贫困，富也会沦为贫穷；心理富足，穷也能转为富裕。物质贫乏，再加上万念俱灰，会很快摧毁一个人的身体；自信自强，虽暂时物质贫乏，但好日子定会很快到来。

五、忠诚锻造特殊品质

案例 1　辛苦心不苦

人物素描

王×，男（31 岁），某局机关干部。参加工作六年，负责某项工作三年。性格外向，工作勤奋，业绩突出。

我不算老呀

因单位工作方向较多，其负责的业务更是繁重艰巨，全天 24 小时待命，加班加点就像家常便饭。岗位的特殊性决定了该工作的高标准、严要求。小王从事该工作以来，长期处于高压紧张的工作状态，精力长期高度集中，感觉自己的神经从未放松过。最近几个月，他兴趣下降、记忆力减退、注意力涣散、心情烦躁、思维混乱、反应迟钝，还特别容易疲劳，导致工作经常出错。他自认为身体素质一直不错，现在也不算老，怎么这么容易疲劳呢？

专家把脉

小王的情况，在高强度工作人员中并不少见。许多工作标准高、压力大，人员长期处于高负荷运转的工作状态，有的岗位分不清上班与加班，基本没有什么休息时间。在这样的状态下工作，若自己不能很好地调节，很容易出现小王这样的症状。我们知道，在从事一项重体力活动或劳动后，我们的身体会感觉疲劳，心理同样如此，长期高度紧张的工作状态会对心理造成巨大的压力，如不能很好地缓解，就会出现心理疲劳。心理疲劳不仅会降低工作效率，而且对心理健康也有很大影响。长期的心理疲劳，使人情绪低落、心情抑郁、百无聊赖、精疲力竭，进而引起心因性疾病。

专家支招

心理学研究表明，心理疲劳是长期的精神紧张、巨大的压力、反复的心理刺激及恶劣的情绪逐渐积累形成的，当它超越个人心理的警戒线时，各种疾病就会乘虚而入，造成心身疾患或各种功能性障碍。防止和消除心理疲劳，应注意以下几个方面：首先，要注意劳逸结合。工作时要合理安排时间和轻重缓急，生活要有规律，重视休息，适时参加一些体能锻炼，如跑步、游泳、打球和散步等，以提高肌体活力、精力和人体在应付复杂枯燥工作时的适应能力，从而避免因长期高压而产生单调、消极的心境。同时，每天尽可能保持足够的睡眠，这样可以有效地消除疲劳。其次，要培养对所从事工作的兴趣。兴趣的产生与大脑皮层上的兴奋点相联系，从事感兴趣的工作不容易疲劳，从事不感兴趣的工作则容易疲劳。在工作中发现自己对本职工作不感兴趣时，也不必紧张，应想办法努力培养自己的兴趣。第三，要调整好心态。凡事要讲求适度，不能对自己要求过高，以最佳节奏去工作，适时给自己缓解心理压力。第四，要创造一个和谐的人际环境。经验表明，人只有生活在融洽、快乐的气氛中，才能有愉快的心境、开朗的性格、健康的身心，才不易产生疲劳。第五，要磨炼意志。意志坚强的人不仅在生理疲劳时能继续顽强地生存，而且在心理疲劳时也能克服惰性，达到行动目标。

案例 2　没有硝烟的战场

人物素描

肖×，男（36 岁），某局副研究员。性格稍内向，对自己要求严格。三年前局里组建新科室，将其调入该科，由于工作认真负责，两年前被任命为科长。

我的心怎么就平静不下来呢

肖科长从小生活条件比较宽裕，但家教相当严格，经常受到父母严厉的训斥，从小就养成做事认真严谨的习惯。新的工作对抗性很强，与对手斗争激烈，是一个没有硝烟的战场。随着信息技术的发展，该领域的工作越来越重要，各级领导也对其寄予厚望，加之工作方向事态频发，他的工作压力非常大。肖科长自述近一段时间以来经常感觉内心紧张不安，心慌、心悸，并且时常出现头晕、胸闷、呼吸困难、出汗等症状。

专家把脉

肖科长出现的症状属于比较典型的焦虑症状。由于单位工作强度大、要求高、对抗性强，员工心理长期超负荷运转，肖科长这样的情况是很常见的。焦虑症状的出现与个体的性格特征、个体在现实生活中遇到的生活事件以及对事件的看法有关。特别是个体在面对较大的工作压力而又无法很好地缓解时，容易引发焦虑、紧张等负性情绪。

专家支招

焦虑在当今社会已经不是一个新鲜的名词，特别是在人们社会生活压力日渐增大的情况下，焦虑很多时候已经成了人们生活的一部分。心理学研究表明，适度的焦虑有助于工作效率的提高，只有过度焦虑才会对个体的身心健康造成危害。对技术人员来说，首先，要树立良好的心态，对工作要有正确的认知。既要认识到单位工作的重要性、特殊性，又不能因其重要特殊而对工作过度焦虑紧张，那样反倒对完成工作不利。要保持一种适度的焦虑和紧张状态，既可以有效激发广大技术人员的工作热情，也对维护技术人员的心理健康有益。其次，要学会放松心态、调整情绪，有效地对抗过度焦虑。心理学研究表明，人们产生紧张、恐惧等心理，很大程度上是因为个体对引起自己紧张、恐惧的事物过分关注，因此消除这些不良情绪的有效方法就是把自己的注意力从引起紧张、恐惧的事物上转移开来。常用的方法包括旅游、运动、听音乐、玩游戏、做家务等，只要能将自己的身心从繁杂的事务中抽出来，得到充分的放松即可。同时，学习一些放松身心的技巧和方法，如肌肉放松（下文中有专门论述）、想象放松等对缓解紧张也非常有效。想象放松是指在轻松的环境下，比如随意躺在沙发上，听着轻音乐，闭目，想象自己走在阳光明媚的沙滩上，看着蔚蓝的天空和大海，听着海鸟和浪花的声音，感受着宁静、祥和……

【心理知识加油站】

● 焦虑与焦虑症

出现焦虑症状和患上焦虑症是两个不同的概念，焦虑症的诊断需要参照个体的症状表现，同时对个体的病程、精神痛苦程度和社会功能损害程度进行量化评分。心理学认为焦虑症的主要症状是“以广泛性焦虑或发作性恐怖状态为主要临床表现的神经症”，是一种内心紧张不安，预感到似乎要发生不利情况而难于应付的不愉快情绪，常伴有头晕、胸闷、心悸、呼吸困难、出汗和运动性不安等。

是否是神经症的量化评定过程如下：病程，如果发病时间不足3个月，我们将其评为1分，3个月到1年评2分，超过1年评3分；精神痛苦程度，个体感觉较轻且可自我调节评1分，较重需借助别人帮助才可缓解评2分，非常严重完全无法摆脱评3分；社会功能损害程度，对社会功能有一定损害评1分，对社会功能损害较重且回避各种活动评2分，对社会功能损害非常严重且必须参加的社会活动也完全回避评3分。将上述三方面的得分相加，3分及以下为正常，4—5分者为可疑，等于或超过6分者可诊断为神经症，加之个体出现的是焦虑的各种症状，则初步诊断为焦虑性神经症，即焦虑症。

同时，我们要知道，心理健康方面出现的问题多数会伴随着焦虑症状。另外，即使是正常人，在遇到重大事情时，也会出现各种焦虑症状，如紧张、失眠等。

案例3　怪人不怪

人物素描

董××，男（38岁），某局副研究员。某知名高校博士后，性格内向、偏执，工作严谨、较真，喜欢钻研，从事某项研究工作9年。

人们眼中的怪人

董副研究员从参加工作以来，一直从事某方向的重要课题研究。每天的生活极其规律，除了吃饭、睡觉，其他时间都待在办公室，很少与人说话、外出，不参加各种活动，走路时也在思考问题，有时撞到人还不知道。做任何事情都非常认真，别人随便对他说句什么话，他都会认真地思考一段时间。对待生活中的事情比较冷漠，甚至不知道自己工资有多少。在别人眼中，他就是一个十足的怪人，许多人对其敬而远之。

专家把脉

有位哲学家说过，世界上没有两片完全相同的树叶。我们也知道，世界上没有完全相同的两个人，人格具有独特性。心理学认为人格是在遗传、成熟、环境、教育等先天和后天环境交互作用下形成的，不同的遗传、存在及教育环境导致人形成各自独特的心理特点。有的人开放自然，有的人顽固自守，有的人沉默寡言，有的人豪爽，有的人谨慎等，正是这些不同才使得我们的社会丰富多彩、五颜六色。心理健康的标准有一项就是要能够适应社会生活。每个人适应生活的模式是不一样的，只要在不影响他人的情况下过好自己的生活即可。在技术单位的工作中，有许多岗位是需要这样的奇人、怪人的，古今中外的许多大科学家、文学家在当时人的眼中，也是一个个奇怪的、与众不同的人。正是性格中的那份偏执与执着，才使得他们把几乎所有精力用在工作、研究上，最终取得有价值的成就。

专家建议

对我们大多数人来说，碰到这样的人会觉得他们好奇怪，在远远躲开他们的同时把他们当作茶余饭后的谈资。人们都有猎奇心理，所以出现这样的情况也属正常，尽管这对我们的工作和生活不会起到什么帮助。然而我们都知道，正确的待人之道是要宽容，宽容不仅指的是大度，更多时候也包含对一些与我们不同的事物的包容与理解。当然，多数人会希望他们能够和我们多交流，多参与我们的各种活动，这样也有利于他们的身心健康，从而可以更好地工作。但像董副研究员这样的人，只要他们自己能够很好地工作与生活，外在的东西其实可以不用考虑太多。而如果他们在生活中出现一些困惑和麻烦时，则需要我们给予更多的帮助与理解。

案例4　与寂寞共舞

人物素描

薛×，男（32岁），某局后勤人员，性格开朗，从事单位维护工作。

无聊的地方，无聊的事

薛×工作所在地为某局一个废弃多年的厂区，该厂区地处偏远山区，远离大城市，离最近的镇子还有十几公里，生活设施十分简陋，物质条件比较艰苦。同批的同事多去了大城市，而他在这个山沟里一待就是十几年。薛×自述，当初他也是怀着一腔热血，希望到单位建功立业，但这么多年天天与一群群破旧的建筑为伍，没事就打扫卫生、拔草，或者蹲在地上看蚂蚁，一天又一天，一年又一年，感觉自己的工作没有价值，生活没有乐趣，找不到奋斗的动力，一切无聊透顶，感觉自己就像被外面的世界遗忘了。而想想同批的其他人，他内心有种说不出的憋屈，要不是性格开朗，估计早就疯掉了。

专家把脉

薛×的这种情况，在许多单位可能碰到。位置偏远、环境艰苦，理想与现实存在强烈反差，人们容易意志减退、心态失衡，在丧失价值感的同时，自己也变得迷失、迷茫。电视剧《士兵突击》里就有关于这种情况的典型描述。红三连五班，这样一个被成才称为“垃圾中转站”的“班长的坟墓，孬兵的天堂”的地方，其实在每个单位都存在，用老马的话说，在这里你所做的一切只能表现给羊粪蛋子看，在这里薛林喜欢迷途的羔羊，因为可以和五班以外的“人”说话。守在这样被人遗忘的地方，其实本身就是一件非常不容易的事，出现心理失衡、懒散等现象，虽说不应该，但也在情理之中。

专家支招

技术单位的工作虽不像其他单位那样种类繁多，但在信息化的今天，其种类也是相当丰富，并且每种工作都有其特殊的作用和贡献。薛×的情况与电视剧《士兵突击》中红三连五班的情况类似，主要工作就是维护厂区或者守护装备设施。记得有位领导说过，守山门就是守国门，看山洞就是做贡献。奉献不仅在于战场上的流血牺牲，也包括守山洞、护营区这样默默无闻的奉献。薛×的工作亦是如此。这样的岗位，平凡却又伟大。对于薛×来说，首先要树立正确的价值观。我们看护的不仅是一个破落的厂区，而是国家的资产。其次，要坚定平凡岗位也能成才的信念。《士兵突击》中，红三连五班使许三多从百万军中之一粟到引起首长关注，让成才从被淘汰的边缘重新回到老 A 的行列，充分地印证了那句话，“上帝在关上了一扇门的同时，也为你打开了一扇窗”。红三连五班也从被人遗忘的角落，变成别的连队宁可绕道也要来休息的驻地。第三，认准目标，持之以恒地努力奋斗，让自己忙起来，相信下一个老 A 就是你。

案例 5　连城之花开在心中

人物素描

胡×，男（26 岁），某局助理工程师，从事设备维修工作。性格开朗，从小家境优越，没有受过大的挫折。

为什么是我

小胡工作所在地为一个小海岛，地理位置十分偏远。岛上平时根本见不到人烟，除了单位的十几个人，每天只能对着大海说话。从踏上岛的那一刻起，小胡就傻眼了，这种地方只在小说、电影里见过，虽说他也曾有过吃苦锻炼的打算，可眼前的一切还是让小胡的心一下子冷到了底。而且他到了这里才知道，单位对新进人员的要求是，至少在这个地方工作两年才能调回城里。报到当天晚上小胡就失眠了：为什么是自己到这个地方来了，同学们去大城市的不计其数，同样一起到单位，为什么倒霉的事都让自己赶上了？他心中不禁萌生了离职的念头。

专家把脉

小胡的情况虽说只是相对较少的一部分，但却是十分特殊的一部分。在 21 世纪的今天，各种工作和生活条件都有了很大程度的改善，但不可否认仍有一些特殊的岗位需要特殊环境，需要远离热闹的大城市。出生在改革开放之后的许多青年人，没有经历过艰苦年代的洗礼，突然到了这样艰苦的环境，并且要在这种地方工作和生活，内心会出现极端的失衡也是可以理解的。

专家支招

清人郑燮有书“难得糊涂”。心理学研究表明，人们出现失衡心态多是不正确的对比造成的。对于小胡来说，第一要调整心态，既来之，则安之。既然单位在此设点，必有在此设点的价值；既然自己被选中在此工作，则必有有价值的机会在前方等着自己。试想一下，接受国家培养这么多年，怎能什么都没做就要走人呢，这不但对国家不负责任，而且对自己也不负责任。既然已经来了，空抱怨不如静下心来，认真考虑该怎样投入工作，做出成绩。第二，抓住机会，化劣势为优势。我们知道任何事物都要一分为二地看，在条件艰苦的表象之下，必有繁华都市所不可能有的珍稀价值。许多仁人志士为了锻炼自己的身心，往往自己制造困难险阻来磨炼意志。如今，机会正摆在我们面前，是抓住机会让自我更强大，让自己的翅膀更坚强，以待时机一飞冲天，还是怨天尤人、消沉堕落，从此一蹶不振？机会对每个人来说都是公平的，关键看你是否有把握机会的胆魄和能力。第三，从严从难要求自己，磨炼自己的意志，锻炼自己的能力。知识性的东西任何地方都可以学到，而心理素质的磨炼、意志品质的提高却是很多地方实现不了的。灯红酒绿的都市在给人们生活带来方便的同时，也在时刻不停地消磨着人的意志、心性，而艰难困苦的环境则可以激发人的斗志，促使人努力上进、刻苦成才。

案例6　当危险过后

人物素描

袁×，男（29岁），某局工程师，从事户外一线工作。性格内向，做事认真，业务能力强。

和死神擦肩

小袁所在单位经常执行野外考察任务，任务艰巨、环境险恶。有一次执行任务的目的地是高寒地带，又时值寒冬，室外气温只有零下十几度。在这样的天气里，小袁他们在雪地里一待就是几个小时，有时甚至要待上一天。恶劣的气候环境在折磨技术人员身体的同时，对他们的心理也是不小的考验。

专家把脉

小袁出现的情况属于应激反应的一种。所谓应激，是指机体在各种内外环境因素及社会、心理因素刺激时所出现的全身性非特异性适应反应，又称应激反应。应激是指在出乎意料的紧迫与危险情况下引起的高度紧张的情绪状态。应激的最直接表现即精神紧张。应激对健康具有双重作用，适当的应激可提高机体的适应能力，但过强的应激则会使人的适应机制失效，并导致个体出现功能障碍。

专家支招

应激反应是人体自我保护的一种机能，我们要发挥其积极作用，克服、抑制其消极作用。提高个体应激反应能力需要在平时加强心理素质训练。第一，要学会积极地自我调适。应激反应的主要表现是紧张，而对抗紧张最有效的方法就是放松。我们在日常工作和生活中，可以有意识地锻炼自己这方面的能力，比如深呼吸、转移注意力、自我暗示等，进而掌握几种行之有效、快速简捷的放松技巧。第二，培养自己的意志品质。人的意志品质和能力一样，都是可以通过锻炼提高的。我们知道特种兵可以执行许多常人无法完成的任务，而他们的意志和能力也都是通过平时特殊的训练养成的。第三，把握机会，多参加锻炼。意志品质、能力素质的提高是要通过实践来检验的，同时实践也是我们提高各种能力最好、最有效的途径。

案例 7　悲情英雄

人物素描

李××，女（45 岁），某业务科科长，长期从事某项业务工作。工作积极，自尊心强。

我是不是该被淘汰了

李科长刚刚参加工作的时候，她从事一个比较大的业务方向。但随着信息技术的发展，单位的业务范围迅速拓展，该业务的范围却越来越窄，随之，该项工作也越来越难以出成果。从事该业务的技术人员，长期坐冷板凳，不免心生失望。几年里，李科长心里一直挺憋气，现实与期望差距甚远，工作的价值得不到体现。她想转行，又考虑到这个业务目前还需要有人做，自己在这方面也积累了足够丰富的经验，新人进来会很长时间适应不了工作，并且由于业务范围窄，现在也很少招新人。在这个岗位上，她感觉自己就像一块鸡肋，食之无味、弃之可惜。她的工作积极性受到打击，既焦虑又提不起精神，特别容易发脾气，她虽然知道这样不好，却控制不住自己。

专家把脉

在技术单位，像李科长这样长期坐冷板凳的岗位还是比较多的，可能具体工作会有所不同，但成果难出、长期坐冷板凳的性质却是相同的。这也正是许多技术人员无私奉献的一个真实写照。这样的岗位特别容易使人疲劳、厌倦，容易让人产生心理和生理问题。

专家建议

克服这类现象需要组织和个人两个层面的共同努力。在组织层面，需要营造宽松和谐的工作氛围，对技术人员进行培训，使工作更加丰富，建立新的评价体系，关注组织公平等。而作为个人，需要在心态、情绪及行为等方面及时调整自己的状态。

首先，调整心态。尽管我们无法回避工作带来的各种压力，但能够调整自己面对压力的心态。一要增强自信心。自信心就是个体对自己积极的、肯定的、客观的评价，也是一个人面对压力时是选择进攻还是撤退的心理准备。减少疲劳的根本途径是要建立一个强大的自我评价体系，做到“胜不骄、败不馁”。二要对自己有一个客观的、恰如其分的评估，努力缩小“理想的自我”和“现实的自我”之间的差距。在制定目标时，既不要好高骛远，又不妄自菲薄，要把长远目标与近期目标有机统一起来，一步一个脚印地做，这样才有助于“理想我”的最终实现。三要审时度势，扬长避短。一个人的需求、兴趣和才能是多方面的，了解自己，发掘自己，才有助于增加成功的机会。四要增强自己的使命感和树立高尚的人生观。古人曰，透得名利关，方是小休歇；透得生死关，方是大休歇。快乐与内心的祥和来自于和谐的内心世界。要学会取舍，学会善待自己，同时不要把自我评价完全寄托在外界的标准上。

其次，调整情绪。情绪对我们的工作和生活有重大的影响。一要学会制怒。心理学家指出，愤怒是人类最不善于控制的情绪。愤怒能带给人一种非理性的力量，其行为后果常常是不可预测的，甚至是破坏性的。制怒的一种方法是改变思考问题的角度，从根源上审视引发怒气的想法，找到最初的关键点，并从另一个角度来看这个问题。这时我们往往会发现引起自己生气的事情原来不值得一提，我们之所以生气很多时候是因为自己附加上了一些想法。冷却是制怒的另一种方法。你在每次将要爆发的时候，给自己一个强烈的暗示“十分钟之后一切都会烟消云散的”，这样可以让自己尽快冷静下来。很多时候我们以为自己的怒气会越来越大，不可控制，而其实这时候往往情绪本身已经到了最高点，再往后它并不会继续升温而是会逐渐消退，所以适时让自己冷静十分钟，十分钟后很可能就是另外一种想法了。二要学会缓解焦虑。在心理不适的诸多问题中，焦虑是最常出现的，过度的焦虑常会导致生理上的不适，如心慌、出汗、头痛、失眠等。应付焦虑的有效方法是放松，同时调整自己的认知。关于放松的方法，本书中有多处论述，此处不再赘述。三要强化积极意向。出现疲劳时，很多人会意志消沉，觉得做什么都没意思，从而变得懒散。要树立正确的价值观念，寻找工作和生活中的乐趣，这样生活才会丰富多彩，人生才会有意义。生活中永远不缺少美和乐趣，关键在于我们有没有发现美和乐趣的意愿。总之，让自己心情舒畅总比天天郁闷好。

第三，调整行为方式。出现疲劳时，技术人员的行为方式必定会受到影响，克服疲劳就要学会调整自己的行为方式。一要找出造成压力的原因。要减少压力，首先要找出焦虑来源，并采取必要措施，以重新掌握工作和生活的主动权。二要设定目标。设定一个恰当的目标，并为之努力，目标应明确、具体、可量化，并具有可行性。这样在目标达成之时，自己就会增强信心，继而向另一个目标努力。这时你会发现自己对工作愈来愈有兴趣。三要分清轻重缓急。做事要有合理的计划，如果常常处于一种杂乱无章的状态当中，自然会使自己感到压力。四要学会借力。每个人的知识经验和能力素质不同，要尽可能发挥自己的强项，遇到处理不了的情况时，要虚心请教，借助别人的经验使自己成长。

案例8　多面手的价值追寻

人物素描

吴×，男（36岁），某局后勤干部，为人忠厚，踏实勤恳。

沟里最辛苦的人

吴×从入职起就在某科的一个外站工作，该站远离大城市，条件艰苦。吴×在这里一干就是近20年。该站地处偏远的大山沟里，加之业务并不是很多，站里总共也没有几个人。为人忠厚、热心肠的吴×顺理成章地成了站里的生活保障员，不仅担任会计、出纳，还是站里的水电工、维修工、管道工，另外还负责从办公物品到食堂一日三餐的采购。由于当地紫外线很强，多年下来，吴×的脸被晒得又黑又紫，双手粗糙且满是老茧，看上去要比实际年龄苍老许多。虽说吴×工作尽心尽力，但这样的工作却不出名、不显眼，这么多年下来，他只被评过一次先进个人。吴×自己说起来，也是无可奈何，可是出不了成绩又能怎样呢？

专家看法

作家魏巍曾写过一篇文章《谁是最可爱的人》，其实像吴×这样的干部就是单位里最可爱的人。他们从事着简单繁琐的工作，他们都有着勤劳踏实、兢兢业业的工作态度和敬业精神。在单位中，不是每个人都可以做出惊天动地的贡献，成为大英雄，也不是每个岗位都会出院士、专家，但正是这样的牺牲和奉献精神，才成就了我们的卓越与辉煌。

专家建议

既然从事了技术单位的工作、加入了这个行业，就意味着选择了牺牲、奉献。从心理学角度来看，像吴×这样的人，同样可以过得很开心、很幸福。心理学研究表明，幸福感是一种主观感受，指的是当事人根据自定的标准对其生活质量的整体性评估。关于幸福感的理论有很多，结合不同的理论，我们给出以下建议：第一，树立正确的人生理想和目标追求。研究认为，人的积极情感与有无目标有很大关系。“哀莫大于心死”，缺乏生活目标与人生追求，人就会产生消极情感，产生不幸福感。第二，正确认识自我，确定恰当的期望值。个体的自我期望值对主观幸福感有较大影响。一方面，要树立远大的理想和抱负；另一方面，要正确认识自我，做到既不盲目自负又不无所作为。第三，学会辨证思维，掌握正确的比较标准。有研究认为，主观幸福感产生于与现实条件的比较，现实高于标准时，主观幸福感会提高，反之则会降低。第四，经常参与各种文化娱乐活动，满足自己的多种心理需求。有研究认为，幸福产生于活动本身，快乐存在于追求的过程之中。因此，多参加各种有意义的活动，如运动、旅游、钓鱼、听音乐、练习琴棋书画等，使自己在得到某方面锻炼的同时也能够愉悦身心。

六、细致鉴别障碍隐忧

案例 1　疑病症

人物素描

曹×，男（30 岁），某科副科长。一次执行野外任务时因发生意外，从五、六米高空跌至地面，造成轻微脑震荡，经过一段时间的恢复治疗，现已痊愈。

主要问题

一次处里篮球比赛，不小心被人撞到头部，经卫生所检查没有受伤。小曹不相信，硬是要求到单位所在地的知名医院检查，结果还是没问题。可小曹总觉得自己头昏脑涨，什么也记不住，便怀疑自己得了脑震荡的后遗症，又查了一些资料，感觉似乎侧面印证了自己的怀疑。于是，他天天嚷嚷着要去看病，可每次检查结果都一样，但他就是不相信，认为医生是“敷衍了事”。自述，忙的时候感觉不到，一闲下来就头昏脑涨，尤其是晚上，一想到从高空掉下的情景，头就胀得厉害，有时整晚都睡不着。

专家把脉

小曹可能存在一定的疑病症倾向。导致疑病心理的因素有很多，主要有以下几方面。一是个性所致。凡患疑病症的人，往往有敏感、多疑、主观、固执的性格特点。而且，这些人往往有关于自己或亲人疾病方面的早期经验或记忆（有时可能转化为潜意识）。二是认知误导。由于缺乏医学方面的知识，又总是断章取义地运用医学知识，在自我暗示的作用下，容易产生错觉。三是情绪的作用。有的人虽然身体有点小毛病，但想得得过于严重，整日忧心忡忡，也可能引发疑病心理。

专家支招

针对疑病心理，我们首先要引导其回忆以前关于这方面的记忆，找出其疑病心理的根源，使其明白自己的疑病是由以前的痛苦经验引起的。

其次，要相信医生和科学诊断。可以找不认识的医生或专家诊断，以避免干扰，增强说服力。

第三，培养健全的人格。心胸宽广、乐观豁达的人，一般不会有疑病心理。

第四，也是最重要的一条，有条件的话尽量去找心理咨询师咨询一下。

案例2　自卑人格

人物素描

马××，男（28岁），某局技术干部，工作认真细致，性格内向、自卑、固执，举止腼腆，为人拘谨，自认缺乏男子汉气概，自我评价低。曾因在众人面前讲话、与陌生人交往脸红、紧张、拘谨不安而深深苦恼。

恋爱受挫的背后

小马与一女同事关系较好，两人常在一起讨论工作。后来，他发现自己对对方的感情已超越同事友谊，但自己内心深处又很自卑，觉得两人肯定不会有什么结果，便将对女同事的感情深埋心底，把其看作妹妹。可是不久，他发现该女同志与另一位男同事交往甚密，心中异常难过。某日下班后，他将女同事约到花园，向其表白了心意，冲动之下还抱了对方，对方哭着离开。由此，两人很少接触，小马无法原谅自己，认为自己的行为伤害了女孩，导致彼此连朋友也做不成。联想自身，他认为自己毫无魅力、胆怯、害羞，尽是缺点。两年多来，他一直被感情问题困扰，情绪低落，自责愧疚，自我贬低，无法“走出这感情的泥潭”。

专家把脉

恋爱问题是青年人经常碰到的问题，本例中小马的问题表面是一个恋爱问题，根源却在于其内心深处根深蒂固的自卑。由本例中的信息，我们无法得知小马自卑的根源在哪里，但要想使其走出恋爱的泥潭，必须首先缓解其自卑心理。

专家建议

涉及人格的问题，往往需要较长时间的咨询治疗，建议找心理咨询师或专业机构进行咨询。要解决小马的问题，必须深入了解其自卑产生的根源，从源头入手解决其认知的深层问题。建议小马接受专业心理咨询，通过调整认知，改变不合理信念，以缓解其目前深陷恋爱泥潭的问题。同时，可进行一些自我调整。一要正确认识自我，改变其对自己的一些不合理的认识。通过客观分析，让其认识到自己的优点和长处，正确对待自己的缺点和不足。二要正确看待与女同事的关系问题。出现这种问题是正常的，关键是自己怎么看待这件事情以及如何去处理与女同事的关系。三要改变自己内在的不合理信念，促进人格的健全完善。现实生活中遇到一些挫折，就觉得自己一无是处，陷入完全负面的评价中，是一种十分不合理的信念，很多时候也是一种不自觉的习惯化思维。一旦认识到自己有这种习惯化的负性思维，就要有意识地克服，从而增强自信，完善自己的人格。

案例3 偏执性人格障碍

人物素描

谭×，女（33岁），某科技术干部。为人极为敏感，生活中遇到一点事情就觉得自己遭受了严重的打击，总觉得别人对自己有敌意。为人自负，总觉得自己没有进步是因为领导压制其才华的施展，一直认为自己应该当科长，连续多次到局里反映情况，表示自己要当科长。

想让我上班，可以，先给我个科长

最近局里干部调整，她觉得这次科长一职非她莫属，可结果局里任命了一个比她年纪小的人，她由此爆发怨恨情绪。她怀疑是某些同事在领导那里告她的状，嫉妒她的才干，认为自己受到排挤和压制，对这件事情耿耿于怀、愤愤不平。她同时抱怨，任免命令下来好长一段时间，领导都没有私下找她谈话，给她解释和宽慰，感觉自己根本就不被重视。于是，她开始工作懈怠，经常迟到早退，甚至动不动告病休假，最近直接不上班了。领导找她谈话时，她根本听不进去，把任何好言相劝都理解为恶意、敌意，说除非让她当科长，否则她不上班。（背景介绍：不论工作能力，还是民主评议，从领导到普通技术人员，没有一个人觉得她适合当科长，也从未有人对其许诺她可以当科长。所有的想法皆为其本人的一厢情愿。）

专家把脉

谭×的情况属于典型的偏执性人格障碍。人格障碍一般有早期征兆，多于童年或少年时发病。

专家支招

人格障碍的治疗是困难的。他们较少主动求医，而且目前的治疗仅可改善一时的精神病发作，或减轻社会和情绪功能不良，或为了适应社会需要而对他们进行一定管理等。药物治疗对人格障碍的一些症状有效，然而没有哪一种药物是普遍有用的。心理治疗必须个别化进行，而且不同类型人格障碍应采用不同种类的心理治疗。

人格障碍的预防应从儿童开始。父母的爱护、悉心照料和正确教养以及良好的环境，可减少人格障碍的发生。儿童大脑有较大的可塑性，一些性格倾向经适当的教育可以纠正，若听之任之，发展下去可出现不正常人格。

对于案例中的情况，只能建议及时进行心理治疗。

【心灵物语】

● 生活的秘方

日出东海落西山，愁也一天，喜也一天；遇事不钻牛角尖，人也舒坦，心也舒坦。

案例 4　性格孤僻

人物素描

吴×，女（27 岁），某局新入职干部。性格孤僻、自卑、敏感、多疑，不善于与人交往。在单位不愿意跟同事交流，回宿舍也不愿与室友说话。什么事情都藏在心里，整天郁郁寡欢。工作两个多月来，晚上失眠，白天没有精神，工作效率明显下降。

性格溯源

小吴小的时候性格活泼、外向，但家庭经济状况不好，父母重男轻女，偏爱她的弟弟，遇到事情总是拿她出气。小学二年级时，她出于好奇，偷了邻居一件漂亮衣服，事发后，尽管她认识到错了，并把它还回去了，但还是受到邻居的谴责和父母的打骂。过后，父母仍揪住此事不放，一旦她稍有不对，就拿这件事来讽刺她，有时甚至当着左邻右舍的面令她难堪。于是，她很害怕回家。此外，同学们也时常拿这件事讽刺她、嘲笑她，说她是个会偷东西的坏女孩。于是，她慢慢习惯于一个人躲在角落，成为别人生活的旁观者，很少与同伴嬉戏、玩耍。

专家把脉

由于童年受排斥等负性经历的累积，加之缺乏有效的社会支持，特别是其父母的排斥态度，小吴最终形成孤僻、自卑、敏感的性格。这种性格的人多疑、敏感，不太容易与人交往，加之初到单位，极易因适应不良而诱发心理问题。

专家建议

性格的形成是一个长期的过程，改变一个人的性格也是相当漫长和困难的过程，所以我们不能期望很快就让小吴变得性格开朗、喜笑颜开，但有些工作还是可以做的。第一，改变她的不良认知。首先要改变对小时候“偷窃事件”的认识，让她认识到小孩子因好奇出现那样的情况是可以理解的，只要能改过自新就是一个好孩子，尽可能消除她长期以来的心理阴影。第二，构建良好的社会支持系统。建议其父母改变对小吴的态度，能更多地理解与支持小吴，同时周围同事也要多关心、支持她，让她感受到来自他人的温暖。第三，进行自信心训练。如列举优点、自信呐喊等，这需要一个长期的过程，同时需要周围同事朋友的密切协同，多鼓励、表扬，给予正面强化。第四，鼓励小吴学习一些人际交往的技能、技巧，从而尽快融入大家的生活圈子。

案例 5　人格分裂

A. **人物素描**

谢×，女（32 岁），某局工程师。小时候在家是个乖乖女，喜欢独处，生活仅限于教室、宿舍、食堂，连图书馆都不去，不参加任何集体活动。其母亲意外死亡后，变得特别容易被激怒，对人说话言语刻薄、恶毒，常能一句话“噎死人”。走路溜墙根，斜眼看人，眼神飘忽不定，在家中扔被子、烧衣服、拿刀乱砍。后发现其姥姥、母亲均有相关病史，非正常死亡，由此判断可能有家族遗传病史（女性遗传）。

B. **人物素描**

王×，男（30 岁），某局司机。性格内向、不善言语，平时喜欢独处。刚入职时担心被淘汰，经常给各级领导打电话，害怕不受重视，刚开始还正常，后来不分昼夜地给领导打电话。一次开车行驶过程中，他的精神开始恍惚，车在路上左摇右晃，同车领导发现后令其立即停车。他说自己能听到周围许多人在谈话，却看不到人，能看见自己身体里的血在流，还能看见路边行人体内的五脏六腑。现在他已完全不能开车，经治疗后在家休养。

C. 人物素描

钟×，男（30岁），某局工程师。从小父母对其要求很严格，在父母面前从没有主见，在校期间学习较好。工作中无想法、无思路，凡事依赖别人。因其性格和能力等不太适应所在部门工作，领导考虑让其离职，随即表现出躁狂症状，不吃饭，每天持续不断用手砸玻璃，后来发展为间歇性抑郁，神情呆滞。

专家会诊

若出现以上类似症状，很有可能出现了精神方面的问题，最好的办法是及时就医，选择可信度高的专业医院做精神方面的检查。如果确诊，首要的是让他们的家人共同面对问题，只有正视问题才有可能配合医生的治疗，同时坚持吃药，在生理症状消失后可接受心理咨询，以巩固疗效。只要治疗及时，一般都可以得到较好控制。

案例6　性障碍问题

A. 人物素描

刘××，男（27岁），某局研究实习员。长期以来对女性衣物特别着迷，不知从什么时候开始，对女式丝袜产生性兴奋，起初还是淡淡的感觉，后逐渐强烈到不能自控。有一次，见到生活区内晾晒的丝袜，无法克制自己的冲动，偷回家后体会到一种前所未有的快感。后来，只要见到女式丝袜就想偷窃，甚至看到大街上女士身上穿的丝袜也会产生兴奋。

B. 人物素描

王×，女（26岁），某局助理工程师，单亲家庭，从小与母亲一起生活。受家庭教育影响，一直痛恨男人，从不与男人交往。青春期后她对同性朋友产生性兴奋，起初并未在意，后越发严重。现已到了谈婚论嫁的年龄，却从未交过男朋友，自述只对女孩有兴趣，对男人根本没有感觉。

专家会诊

上述两个案例，都属于性偏好障碍，对于这种问题，应寻求专业的心理咨询或治疗师进行有针对性的咨询、治疗。对其个人来说，可从以下两方面入手：

一是正确认识性偏好障碍。每个人的性偏好都有或大或小的不同，只要在法律与道德允许的范围内，就属于正常。心理健康的一个重要标准，就是要适应社会。尽管目前已有国家允许同性恋者结婚，但在我国，目前这种偏离社会常态的性取向仍不被人们所认可。当然，需要指出的是，我们不可将其看作是道德品质问题。二是运用厌恶疗法进行行为矫治。当然进行矫治的前提是其本人自愿。关于厌恶疗法的相关原理，在本书下一专题第四个案例中将做专门的讲解。

案例 7　自杀

人物素描

蔡×，女（27 岁），从小父母离异，与母亲一起生活，由于母亲对其管教比较严厉，自我要求很高。平时多愁善感，较为内向。工作方面表现得很优秀，得到领导和同事的认可。谈了一个男朋友，对方也是个很内向、不太爱说话的人。两人关系不是很融洽，一次吵架后她感觉受到严重伤害，选择自杀。自杀前一晚她曾有意与同事告别，到办公室走了走，并且把自己的东西整理得很整齐。

专家看法

发生这样的事情是令人痛心的，而我们很多时候对周围的同事、朋友确实关心得不够。特别是像自杀这样严重的事情，除情境性应激反应外，大多数自杀行为是有事前征兆的。研究表明，自杀前的人其内心是相当脆弱的，而作为同事朋友的我们，如果能稍加留心，就有可能化解一场危机。像本例中的小蔡，她自杀前的异常表现如能引起同事的关注，熟悉的人去询问一下，给予一些关心，就有可能避免一场悲剧。

【心灵物语】

死亡教会人一切，如同考试之后公布的结果——虽恍然大悟，但为时晚矣！

七、悉心呵护阳光之路

案例1　完美女

人物素描

魏×，女（29岁），某局技术干部，工作认真细心。遇事总是谨小慎微，常常为一点小事吃不好、睡不着，总怕自己存在的不足会引起别人的议论，天天被这些事情困扰。追求进步，一心想发展，但却很难全身心投入工作，生怕出什么差错，影响自己的进步，总是左右为难，感到疲惫不堪。

专家把脉

不能容忍美丽的事物有所缺憾，是一种较普遍的心态。对许多人来说，追求尽善尽美是理所应当的。但正是这种生活态度，给我们的生活带来了巨大的压力。为什么会这样呢？心理学研究表明，试图保持完美状态而不敢冒险尝试的人较难获得成功的机会。具有这种性格的人，在日常生活中通常具有以下特点：神经非常紧张，总是认为自己难以完成一些事情，于是精神得不到放松，无法休息；不愿冒险，生怕任何微小的瑕疵损害了自己的形象；不想尝试任何新的事物；对自己诸多苛求，毫无生活乐趣；对别人吹毛求疵，人际关系不和谐，常常得不到别人的合作与帮助。很显然，背负着如此沉重的精神包袱，不要说在事业上谋求成功，就连在自尊心、人际关系等方面，也不可能取得满意的结果。显而易见，追求完美、害怕失败，只能使我们处于心力交瘁的境地。

专家支招

如何从追求尽善尽美的诱惑中摆脱出来呢？

首先，要对自己的潜能有个正确的估价。既不要把自己的能力估计得太高，也不必过于自卑。常言道：金无足赤，人无完人。在个人成长过程中，谁能没有过错呢？只要我们善于思考和反思，避免重复出错就可以了。退一步说，你就是有能力把事情做得十全十美，也不一定人人都叫好，因为每个人都会从各自的价值取向去分析评价事物，你无法让所有的人都满意。

其次，要善待“失败”和“瑕疵”。细想一下，如果人们从不经历失败，能认识生活的真谛吗？成功可以坚定人们的信念，而失败则给了人们独一无二的宝贵经验。没有“瑕疵”的事物是不存在的，盲目追求一个虚幻的境界只能是劳而无功。我们不妨自问一下：“我们真的能做到尽善尽美吗?”答案显然是不行的，既然不行，我们就应该尽快放弃这种想法，没有必要出现一点儿不尽如人意之处就懊恼不已，听到一句异议就坐卧不安。事实上，用心做事本身就很辛苦，出力费神，做完后还要惴惴不安地琢磨别人的议论，真是太累了。如此一来，不仅影响了自己的正常生活和工作，也会影响自己潜能的发挥。

第三，要确定适当的目标。找一件自己完全有能力做好的事情，然后把它做好。这样你的心情就会轻松自然，做事也会有信心，感到自己更有创造力、更有成效。实际上，当你不追求出类拔萃而只是希望表现良好时，说不定会出乎意料地取得最佳成绩。这就是有心栽花花不开，无心插柳柳成荫。

案例 2　好累呀

A. 人物素描

张×，男（40 岁），某局高级工程师，值班岗位。

主要问题

长期从事值班工作，年复一年、日复一日地重复着相似的工作，却没有取得重大成绩，对前途没有信心，感觉工作没有意思，故而缺乏积极性。每天觉得没有目标、没有希望，感到身心疲倦。

B. 人物素描

李×，男（45 岁），某局研究员，长期从事某专项研究。

主要问题

由于工作性质，李✕长年处于高度紧张状态。他近来感觉特别容易疲劳，精力大不如前，稍微辛苦一点便觉得极度疲乏，晚上也休息不好，吃什么都觉得没有胃口，对什么都没有兴趣，单位组织活动也不愿意参加，感觉异常憔悴。

专家会诊

以上两个案例，其实都是有关工作倦怠方面的问题。当今社会，各行各业中类似的情况其实并不少见。工作倦怠感是个体因长期处于工作压力状态下而出现的一种身心消耗过度、精力衰竭的综合症状。工作倦怠感是工作导致的，有以下五方面的内涵：有心理或情感耗竭、疲惫、消沉等典型的烦躁不安症状；偏重于心理和行为症状，而非躯体症状；与工作相关的；没有精神病理学方面的症状；个体的工作绩效差。

一般来讲，出现“工作倦怠”的通常是一些高压群体和自我评价低的人群，这是因为他们没有处理好输出与输入的平衡关系。无论从事任何职业，都要了解“资源守恒理论”，即在工作中不断付出自己的体力、精力和智力的同时，还要注意不断给自己注入资源，包括物质资源、社会（人脉）资源和心理资源。如果输出和输入严重失衡，就会导致出现心理问题。

专家支招

如果已经出现“工作倦怠”，那就要努力摆脱“工作倦怠”的困境。增加“资源”是对抗工作倦怠的有效途径：对内增加应对资源，比如增加个人的专业技术资源，通过补充知识来实现；对外要增加来自社会和家庭的支持资源，比如自己朋友、同事和家人的关心与鼓励。

首先，可以通过具体的训练提高个体的自尊和自我效能感。要努力改变个体的归因方式以及应对方式，提高个体应对压力的能力和技巧。自尊心和自我效能感的提高是比较缓慢的过程，可给自己制定合适的目标，以小的成功的积累逐渐提高自己的效能感。同时努力学习，提高自己的专业技能，使自己的个人素质得到提升，这是最基本的也是最有效的方法。另外，可以通过一些具体的训练方法，如理性疗法、认知重构训练等，调整自己的心态。

其次，在重新认识自己的基础上，找到对抗“工作倦怠”的技巧。要改变自己的惯常想法和行为，接受做事“有所为有所不为”的态度；尽量摒除那些不切实际的想法，对一些不合理的想法、观念和行为要学会放手。执着和持之以恒是任何一个成功者必备的素质。然而，有些时候确实需要避免走入死胡同。同时，把关注的重心放到工作的积极方面，不要老纠缠于工作压力等消极方面。

第三，转移情绪，从而消除怨气。良好的心态是生活快乐的源泉。心理学家告诫我们，先处理心情再处理事情，不要带着怨气工作和生活。再聪明的人也会因情绪不良而失败，这就要求我们及时倾诉一些消极情感，如愤怒、恐惧、挫折等，通过某种宣泄来舒缓压力和紧张的情绪。还有，锻炼和放松也很重要，工作之余锻炼身体，是调节情绪和缓解工作压力的绿色途径。

第四，寻求社会支持。拥有广泛而有效的社会支持系统的人，身心健康，不易枯竭。这个支持来源包括上级、同事、朋友、亲人，他们会给予你情感和现实的支持，包括关怀、鼓励、建议、反馈等。

【心灵物语】

- 工作的意义

生活中最沉重的负担不是工作，而是无聊。

案例 3　成长的烦恼

人物素描

李×，男（20 岁），某局入职不久的保安。从小家教很严，性格内向、胆小，不善与人交往。

这样会伤到元气吗

高一时开始手淫，手淫过后有罪恶感，觉得自己很“肮脏”，但又克制不住自己。高中毕业后参加工作，当保安站岗放哨，生活比较单调，手淫次数增加，过后常常大汗淋漓，认为对身体有损伤，怕自己年纪轻轻就会“元气大伤”，将来“阳痿”，不能正常结婚生孩子。有时白天站岗感到头晕乏力，觉得是手淫造成的，但又无法克制自己，非常苦恼。

专家看法

本例中小李的情况属于错误观念引发的心理压力，通过认知改变即可收到良好的效果。

（1）有性的需求是正常的，性本身并不脏，是生理健康的表现，没有才糟糕。

（2）手淫是正常的性行为到来之前的一种对自己身体的探索，是不涉及他人的“虚拟性爱”，规律的、有自控能力的手淫不会给身心带来危害。调查显示，在中国大学生中，59%的男生、16%的女生存在手淫情况。“阳痿”和手淫之间没有必然的关系，不要给自己乱贴标签。

（3）吃饭是正常的，但吃多了也会伤胃、不舒服。手淫也一样，应该有所节制。

（4）手淫没有错，但无所事事、生活单调空虚就是浪费生命了。丰富多彩、积极进取的生活方式是幸福快乐的保证。

案例4　网络成瘾

A. 人物素描

邢××，男（19岁），某局保安，高中毕业。单亲家庭，性格内向，不善言辞，平时很少与人说话，迷恋网络。

网络里的世界很美好

小邢从高二开始迷恋网络，学习成绩一降再降，最终与大学无缘。由于入职训练比较紧张，曾有一段时间不再上网。到单位后由于站岗值勤任务并不是特别重，周末经常外出泡网吧，一泡一整天。后来越发严重，晚上有时也溜出去上网，达到痴迷程度。迷恋网络游戏和色情网站，现已不能自拔，多次通宵上网。经领导多次批评教育，仍不思悔改，觉得网络里的世界很美好。

B. 人物素描

张××，男（25 岁），某局研究实习员。性格内向、孤僻、自卑，平时独来独往，很少参加集体活动，遇事总是闷在心里。

我该怎么停下来

不知何时迷上网游，一下班就回宿舍打网游，上班时六神无主、手足无措。曾创下连续上网三天三夜的记录，连续上网时每天只吃一包方便面。自述也能意识到这样做的害处，但就是无法控制自己上网的冲动。

专家会诊

近几年，随着互联网的飞速发展，上网成瘾的青少年逐渐增多。目前多数学者把这种对网络的过分依赖称为“网络成瘾综合征”，也称病理性网络使用或病理性网瘾。其主要表现为：对网络有一种心理上的依赖感，不断增加上网时间；从上网行为中获得愉快和满足，下网后烦躁不安；在现实生活中很少参与社会活动，很少与人交往；以网上虚拟空间来逃避现实生活环境等。

专家建议

关于网瘾的戒除，目前还没有一致公认的方法，常用的有认知疗法、行为疗法、团体辅导和药物治疗等。对于上述情况，建议采取以下措施促其改正。

首先，正确认识上网行为。通过耐心地教育说服，让他们明白我们是生活在现实生活中，虚拟网络的一切并不真正属于我们的生活，只可作为一时的消遣，绝不能当作生活的主体。讲清网络成瘾的危害，长期迷恋网络，会影响工作和生活，出现成瘾症状时还会有类似毒瘾发作的躯体症状，严重时甚至危及身体健康。

其次，对上网行为及想法进行厌恶刺激。可对其采用厌恶疗法，其原理就是在出现要治疗的目标行为（即上网行为或观念）的同时给予负性刺激，使目标行为与厌恶刺激之间建立条件反射，使个体在心理上将目标行为与厌恶刺激紧密地联系在一起，从而达到逐渐消除目标行为的目的。日常生活中对不良行为的惩罚都是基于这种原理，但实施关键是要选择合适的厌恶刺激和实施刺激的时机。刺激物对他们要有冲击力，实施的时机要与目标行为的出现同步，即一出现上网行为或想法马上进行刺激。在批评教育的同时，可让其在手腕上戴一个橡皮筋，头脑中一出现想上网的念头就迅速拉橡皮筋击打自己，也可随身携带少量速效催吐药（剂量可咨询医生，以对身体无大碍又可让自己十分痛苦为宜），出现上网行为或念头就马上口服，让自己呕吐不止；久而久之，使自己头脑中形成上网就不舒服的感觉，戒除网瘾也就指日可待了。

第三，立足本职岗位，在工作上做出成绩。研究发现，许多人上网是为了逃避现实生活。社会的飞速发展带来的不确定感和焦虑以及对残酷社会竞争和沉重社会责任的恐惧与逃避，也导致许多缺乏社会竞争力的个体选择上网来求得暂时的安宁和超脱。因此，要加强自己的专业学习和能力训练，使自己在本职岗位上做出成绩，取得进步，从而得到个人价值的真正体现和对社会责任的担当，这时内心的满足感和成就感才是真实的、有益的。如果一味地沉迷于网络虚拟的满足感，结果只会使现实中的自己变得更差、更不适应社会。

第四，积极参加各种活动，完善自己的社会支持系统。研究发现，抑郁、内向、空虚的人群更容易网络成瘾，许多人之所以陷入网络世界，是因为自己的一些内在需要得不到满足。因此，要戒除网瘾，就要积极地适应工作和生活，积极参加各种活动，丰富自己的业余生活，使内心充实，同时培养有益的兴趣爱好，多与人交流，形成健康的社交圈，丰富和完善自己的社会支持系统。

第五，借助专业治疗。对于那些成瘾较深，反复说服、教育无效的人员，应考虑借助专业机构进行封闭式培训或由专家进行药物治疗。

案例5　丧亲之痛

人物素描

王×，女（26岁），单身，至今没有遇到合适的对象。和父母感情很深，非常孝顺。

天降横祸

半年前，父亲因冠心病猝死，小王受到很大精神刺激，悲痛欲绝，一直不能接受父亲离世这个事实。丧事过后，上班期间表现得精神恍惚、兴趣索然，想起什么场景时，常常不由自主地哭泣。经家人朋友的劝慰，仍然不见好转，整个人消瘦了不少。

专家把脉

小王遭遇家庭突变，亲人的突然离去，给她的心灵造成猝不及防的创伤和打击。我们每个人在生活中，都会逐渐接触到死亡这个话题以及面对死亡的现实，然而当真正朝夕相处的亲人或者同事突然离我们而去时，那种哀伤唯有经历者才能深深体会。

人生最大的哀伤，莫过于亲人的离世。它常会带来剧烈的情绪反应，但人们对亲人丧亡的悲痛反应也是有差异的。这取决于是意外骤死、毫无精神准备，还是死于长久已知的慢性疾病；也取决于生前感情联系的深浅以及居丧亲属的性格特点等。悲伤是必然的，但小王半年时间都不能从悲伤情绪中走出来，就属于“病理性的哀伤”，必须引起足够的关注。

专家支招

处理病理性哀伤必须依据心理学的原则和方法，临床上常采用悼念疗法来治疗。

悼念疗法是由发泄疗法演变而来的。实施方法是，让当事人在设计好的悼念环境里反复回忆失去亲人的痛苦情景，重新产生强烈的情绪反应，尽量发泄难以忍耐的悲痛。让当事人将死者生前的好处说尽哭够，反复出现这种场面，可增强其心理承受能力，直到当事人自己感到此种强烈的情绪反应已没有任何实际意义。

鉴于小王的情绪不能自控，该案例需要家属在治疗的过程中配合。首先，搜集父女感情的典型事例和有代表性、纪念性的遗物。其次，将小王的家里布置成有悼念气氛的环境，摆放死者生前的照片、经常用的衣帽等生活用品，播放哀乐。这时，家属用平静的语调启示小王回忆并诉说她父亲病逝时的经过和痛苦情景，再根据搜集的资料，启示她回忆父亲生前诸多令人感伤的事例。随后，让她翻看并用手抚摸父亲的相片和遗物，使她重新产生强烈悲哀情绪反应。家属可以从旁补充她回忆、诉说中没有提及的事情，直到她说之无力、哭之无泪、说尽哭够，甚至自己也感到心烦无味，逐渐转为正常情绪为止。每周进行 1 次，连续进行 2 个月，多可见到成效。

案例 6　失眠问题

A. 人物素描

肖×，女（35 岁），某科科长。该科一直承担某方向重大课题。

失眠了

由于几个重大课题的压力和长期的紧张状态，小肖最近经常失眠，短暂睡着时还经常做噩梦，出虚汗。白天头昏脑涨，记忆力急速下降，刚刚发生的事情转眼就忘，工作中经常丢三落四。脾气也变得特别急躁，很小的事情也会使其大发雷霆。

B. 人物素描

胡×，男（45 岁），某局高级研究员。

睡眠成了奢侈品

老胡有近半年时间晚上睡不着觉，一躺到床上就紧张，结果越紧张就越睡不着。一些毫无意义的观点、思想老是在脑子里连续浮现、纠缠不休。夜间常醒，醒了更难以入睡。有时好不容易睡着了，却已是天近拂晓。他常常疲乏无力、迷迷糊糊地学习、工作和训练，以致注意力难以集中，记忆力明显减退。在漫漫长夜里，他辗转反侧，那种欲睡不能、欲起不行的感觉，着实令人痛苦不堪。

专家会诊

人为什么会失眠呢？原来人的高级神经活动是在兴奋和抑制交替过程中进行的。白天，人在工作，大脑处于兴奋状态。到了夜晚，人疲劳了，大脑就处于抑制状态。在正常情况下，大脑具有自动调节兴奋和抑制的功能，兴奋到一定程度，就会自动出现抑制。但大脑自身的这种自动调节功能会受到破坏，比如大脑承受的负担过重、大脑功能衰弱、内分泌失调、长期的内心矛盾冲突、各种不良的睡眠习惯等都会严重削弱大脑自身的调节功能，导致兴奋、抑制过程的失调。在这种情况下，大脑在临睡时仍然会保持兴奋，使人难以入眠。

失眠是一种最常见的睡眠紊乱，几乎每个人都有过失眠的经历。随着社会的发展、生活节奏的加快，失眠症的发生率有上升趋势。据统计，约有45%的成人患有失眠。失眠的原因有很多，大致可以归纳为以下几点：（1）违反生物钟引起失眠。这种失眠通常是短暂的状态。（2）突然受到重大事件的冲击造成情绪不稳、失落、惊慌，以致夜夜难眠。但通常一两个月就会恢复，是短期的失眠，但少数也会演变成慢性失眠。（3）原发性失眠。此类失眠者并无特殊内科疾病或精神疾病，平日里有时睡眠质量也不好，遇到重大压力、精神负荷增大时，就更睡不着，久而久之就成了慢性失眠。（4）一些精神疾病，如抑郁症常伴有失眠，其他广泛性焦虑症、恐慌症、精神分裂症患者等，都可能时常让人睡不着。（5）药物作用。有些药物，如类固醇，有些人服少量会失眠，大量则会精神异常。（6）刺激性饮料：茶、咖啡等刺激性饮料会扰乱正常睡眠。（7）医源性引起的失眠。医生给患者安眠药或患者自己服用安眠药，日久成习，最后安眠药也失效了，渐渐增加药量或联合几种药物服用也无法入睡，导致夜夜失眠。

专家支招

长期失眠如不及时治疗，会引起胃溃疡、心肌炎、神经衰弱等生理疾病，还会带来注意力下降、情绪不稳、记忆力衰退等心理问题，甚至会出现抑郁症，既影响自己的身心健康，又影响学习和工作，必须采取有效方法加以改善。

首先，我们要对睡眠与失眠有一个正确的认识。睡眠是生理活动的重要组成部分，人不可缺少睡眠，但对睡眠时间的需求，个体的差异却是很大的。一般成人每天睡眠时间需要5—9个小时，平均7.5个小时。失眠是对睡眠的质和量的主观不满意感，不完全取决于睡眠时间的长短，重要的是看睡眠质量。事实上，每个人都有自己的睡眠时间和最低的睡眠需要。如果你是一个短睡眠者，即使每晚睡4—5个小时也算不上失眠，如果你是一个长睡眠者，每晚睡8—9个小时可能仍嫌不足。因此，不能把每天能否睡足8个小时作为判断失眠与否的标准。人生在世，无法避免各种冲突，短暂或境遇性的失眠也在所难免。偶尔失眠，不必为此过分担心，一定要学会调节自身情绪，尽量克制失眠带来的情绪波动和紧张焦虑。对于一两次失眠，要心平气和地对待，不要急躁，更不可认为一两夜失眠就是“脑神经累坏了”，就会影响身体健康。许多人正是由于过分担心，暂时性的失眠才得不到缓解，以至造成习惯性失眠。所以说，失眠不可怕，可怕的是怕失眠。

其次，要认真找出自己失眠的原因，有针对性地“切断病源”。冷静分析引起失眠的生理、心理及环境因素，并及时加以消除，失眠即会好转。比如，如果是劳逸结合的问题，就调整学习、工作和生活模式；如果是人际关系不和谐，就努力加以解决；如因不良习惯，就下决心改掉。有时失眠是心理压力过大引起的，例如家庭变故、恋爱失败、遭人误解等。因此，要注意自我心理调节，可以主动找领导和同事谈谈心，让他们帮忙出出点子，以减轻心理压力。

在此基础上，要注意以下几点：

一要克服不良的生活习惯。一个生活有规律、做事有计划的人，大多是不会失眠的。这些人将工作和休息安排得井井有条，该工作时就全身心地投入工作，该休息时就休息，做到“今日事今日毕”，决不拖拖拉拉。同时，还要养成良好的睡眠习惯，即使严重失眠，也坚持按时就寝、起床，不早睡，不晚起。无论白天怎么疲乏也不早睡，晚上躺下睡不着也不着急，平心静气地躺着，即使晚上没睡好，早晨也按时起床。这样坚持数日，睡眠就会渐渐好转。睡前保持心情愉快和平静，入睡前半小时不做容易兴奋的事，例如不要与人争论、不要打牌下棋、不要看激动人心的比赛或影视资料。

二要注意睡前的生理卫生。睡前过饥或过饱都不利于睡眠，因为此时从胃肠道发出的冲动会激活脑干网状结构，进而引起大脑皮层兴奋而影响睡眠。入睡前饮水过多或饮用酒类、咖啡、浓茶和其他兴奋性饮料，也会引起入睡困难或睡眠质量下降。睡前可用温水洗脚，促进足部血液循环，这样有助于睡眠；睡前环境应尽量幽静、舒适，避免噪音和强光刺激；枕头不宜过高，否则会妨碍呼吸；枕头也不宜过软，否则会使人易醒。

三要注意睡前的心理卫生。入睡前精神放松、情绪安定，很自然就能睡着。为此，入睡前应适当放松一下，如散散步、阅读无刺激的书籍、听听音乐和做做放松训练等，避免过分劳心的脑力活动和过分剧烈的体力活动。如果紧张学习和工作后马上卧床，往往不易入睡；睡前情绪应保持平静，不能过于激动、兴奋，也不能过于悲伤、抑郁。辗转难眠几刻后仍不能入睡，干脆起床做些轻松活动，继续躺在床上只会使你更加紧张，更难入睡。

四要学会自我放松。上床后一时睡不着不要着急，不要强迫自己睡眠，可以睁开眼睛盯着天花板某一个地方，不要眨眼，不要胡思乱想，放弃各种杂念，待眼睛感到疲劳，就会自动闭上。这时采用深呼吸进行自我放松，全身心地关注自己的呼吸，在一吸一呼的体验中，慢慢地就可以进入梦乡，这是促进睡眠的有效方法。

【心理知识加油站】

失眠是很多人会遇到的问题，绝大多数的失眠是心因性的，即是心理原因导致的。这种失眠可以分为两类，一类是抑郁症导致的失眠，尤其是早醒。对于这类失眠，应着眼于抑郁症的矫治，抑郁症缓解了，失眠症状自然会减轻。第二类是失眠焦虑，即害怕失眠导致的失眠。大多数人的失眠属于这一类。对于这类失眠，应树立以下观念：（1）能睡多少睡多少，有渴死的、饿死的，没有困死的。对失眠要有正确的态度，应采取能睡多少睡多少的态度。（2）按时作息不补觉。养成按时作息的习惯，尤其不能补觉，否则可能会产生恶性循环。（3）失眠会让你感觉疲劳、头晕、没有精神。事实上，失眠又是不够疲劳的结果，所以正确的态度应该是坚持做应该做的事情，使白天的工作、生活、娱乐更加紧凑。有时候，很多人的失眠是闲出来、想出来的毛病。

【心灵物语】

把除了正常睡觉之外的所有时间都填满，你就没有时间去担心失眠了。

—— 第四部分 ——

心理训练介绍

在广泛调研和问题梳理的基础上，结合技术单位工作的特点和要求，在本部分中，我们针对性地介绍一些自我调节和心理训练的方法，使技术人员能够通过训练提高相应的能力素质，为更好地履行技术单位的职责使命奠定坚实的心理基础。

一、如何培养团队合作能力

团队合作模式对个人的素质有较高的要求，除了应具备优秀的专业知识以外，还应该有优秀的团队合作能力，这种合作能力有时甚至比我们的专业知识更加重要。作为团队中的一员，我们应该如何培养自己的团队合作能力呢？

（一）寻找别人的积极品质

在一个团队中，每个成员的优缺点都不尽相同。我们应该去积极寻找团队成员中的积极品质，并向他们学习，让自己的缺点和消极品质在团队合作中消灭。团队强调的是协同工作，所以团队的工作气氛很重要，它直接影响团队的工作效率。如果团队的每位成员都去积极寻找其他成员的积极品质，那么团队的协作就会很顺畅，团队整体的工作效率也会提高。

（二）对别人寄予希望

每个人都有被别人重视的需要，特别是那些具有创造性思维的知识型技术人员更是如此。有时，一句小小的鼓励和赞许就可以使他们释放出无限的工作热情。而且，当我们对别人寄予希望时，别人也同样会对我们寄予希望。

（三）时常检查自己的缺点

我们应该时常检查一下自己的缺点，比如自己是不是对人冷漠或者言辞犀利。这些缺点在单兵作战时还能被人忍受，但在团队合作中则会成为我们进一步成长的障碍。团队工作需要成员在一起不断讨论，如果我们固执己见，无法听取他人的意见，或无法和他人达成一致，团队的工作就无法开展下去。团队的效率来源于默契的配合，如果达不成这种默契，团队合作则可能无法成功。如果我们意识到自己的缺点，不妨就在某次讨论中坦诚地讲出来，让大家共同帮助我们改进。当然，承认自己的缺点可能会让人感到尴尬，但也不必担心别人会嘲笑，因为我们会得到他们的理解和帮助。这是最有效的方法。

（四）让别人喜欢我们

我们的工作需要得到团队成员的支持和认可，而不是反对，所以我们必须让团队成员喜欢我们。除了和团队成员一起工作外，还应该尽量和团队成员一起参加各种活动，或者礼貌地关心一下他们的生活。我们要使团队成员觉得，我们不仅是他们的好同事，还是他们的好朋友。

（五）保持足够的谦虚

团队中的任何一位成员都可能是某个领域的专家，所以我们必须保持足够的谦逊。任何人都不喜欢骄傲自大的人，这种人在团队合作中也不会被大家所认可。我们可能会觉得他人在某个方面不如我们，但更应该将自己的注意力放在他人的强项上。谦虚会让我们看到自己的短处，这种压力会促使自己在团队中不断进步。

【心灵物语】

树立团队精神时必须掌握的语言：

最重要的八个字：我承认我犯过错误！

最重要的七个字：我们干了件好事！

最重要的六个字：我们的看法如何？

最重要的五个字：咱们一起干！

最重要的四个字：不妨试试！

最重要的三个字：谢谢您！

最重要的两个字：我们……

最重要的一个字：您……

【心理训练】

- 众志成城[1]

众志成城就是要通过训练增强团队的配合意识和团队的创造精神，培养压力下团队快速解决问题的能力，通过共同努力和开拓思维，变不可能为可能，从而创造奇迹。

人员构成

可以小组为单位，总人数应不少于 10 人。

任务

（1）所有参训人员围成一个大圆圈，相互连成一个整体；

（2）先减少一半的支撑脚数量，然后依次减少，直至地面上没有任何支撑脚。

规则要求

（1）参训人员已经离开地面的脚不能再用于支撑身体；

---

① 参见王择青、郭杰：《军事心理教育训练教程（下）》，军事科学出版社，2007 年版第 78—82 页。

（2）组成的队形形状可以是任意的，但最终所有参训队员的身体必须连成一个整体；

（3）最后，除了手之外，身体的任何部位都不能用于支撑身体；

（4）可应急选出指挥员。

注意事项

（1）要使整个团队都参与到一个互助的活动中来；

（2）体力不够和腰背部有问题的队员，不允许参加该项训练；

（3）没有参与训练操作的队员，可以作为训练的监护员和保护员；

（4）整个团队完成任务后，应保持该造型能够移动 3 米；

（5）在训练过程中，训练尝试的时间越长，训练的难度就会随时间和次数逐步增加，特别是在人员数量较多时，难度则会进一步加大。

典型行为

（1）在训练中，指挥员未能进行有效组织，场面显得比较混乱；

（2）指挥员过于武断，参与者也不够积极配合；

（3）争论得过多和争论的时间过长而不行动，或没有计划就开始行动；

（4）每个人都在出主意想办法，有很多的方法；

（5）在不断失败后，有人产生了消极的情绪；

（6）讨论产生了很多方法，但最终没有执行到底；

（7）有一部分队员认为根本无法完成该项任务。

分析回顾

（1）训练一开始大家是怎么想的，又是怎么做的？

（2）训练过程中遇到什么样的问题？对问题是如何进行拆分的？每个人都做了什么？

（3）整体解决方案是怎么产生的？又是如何解决的？

（4）在整个训练过程中，团队成员之间有没有配合？

（5）训练过程中最困难的地方在哪里？如何克服这种困难？

（6）当不断尝试新的方案没有成功时，团队里出现了哪些消极情绪？大家是如何面对这些失败和挫折的？

（7）在工作中，我们有没有需要高度配合才能完成的任务？大家又是如何分工的？

（8）在活动中，有没有实际的领导产生？对结果有没有影响？影响是什么？

（9）通过这个活动，我们得到什么启示？对我们今后的工作有什么帮助？

二、如何培养良好的人际关系

人际关系是人与人之间心理上的关系，表现为人与人之间的心理距离，反映着人们寻求需要满足的心理状态。从动态讲，人际关系是指人与人之间一切直接或间接的相互作用，但都超不出信息沟通与物质交换的范围；从静态讲，是指人与人之间通过动态的相互作用形成的情感联系。人的成长、发展、成功、幸福都与人际关系密切相关。没有人与人之间的关系，就没有生活基础。对任何人来说，正常的人际交往和良好的人际关系都是其心理正常发展、保持健康个性和生活具有幸福感的必要前提，对从事艰苦技术工作的技术人员而言，良好的人际关系对其良好的心理状态和提高工作效率具有重要作用。

技术人员人际关系的实质是技术人员之间情感、信息和物资交换的过程，在这一过程中，人际吸引是技术人员之间建立交往关系的基础。心理学家通过广泛研究后认为，人际吸引的条件主要是熟悉程度、个人特征、相似与互补等。研究表明，熟悉引起喜欢，熟悉本身就可以增加一个人对某种对象的喜欢。建立良好的人际关系，真诚是必不可少的。因此，技术人员要想赢得别人的好感，与人保持良好的交往，真诚是必须具有的品质。技术人员之间的相似性，也在不同程度地增加着彼此之间的吸引，与之相对的是技术人员之间的互补性也能在很大程度上增进彼此之间的人际关系。

下面，我们从几个方面详细介绍一下如何培养技术人员之间良好的人际关系。

（一）塑造自我

在日常交往中，技术人员个体的知识水平与涵养直接影响着交往的效果，良好的个人形象应从点滴开始，从善如流，“勿以善小而不为，勿以恶小而为之”，优化个人形象。

1. 提高心理素质。技术人员之间的交往，是思想、能力、知识及心理的整体作用，哪一方面的欠缺都会影响人际关系的质量。有的技术人员在人际交往中存在社交恐惧、胆怯、羞怯、自卑、冷漠、孤独、封闭、猜疑、自傲、嫉妒等不良心理，这些都不利于建立良好的人际关系。因此，技术人员应加强自我训练，提高自身的心理素质，以积极的态度进行交往。在这里，我们介绍一种训练方法，T 小组训练法，又称敏感性训练法。

T 小组训练法是美国社会心理学家勒温于 1946 年提出的。T 小组训练法的主要目的是让接受训练者学会怎样有效地交流、细心地倾听，了解自己和别人的感情。其通常的训练方式是把十几名受训练者集中到实验室，或者是远离工作单位的地方，由心理学家来主持训练，时间为一两周或三四周。在这个小组里，成员没有解决任何特殊问题的意图，也不想控制任何人，人人赤诚相见，互相坦率地交谈，交谈的内容只限于“此时此地”发生的事情。这种限定在狭窄范围里的自由讨论，逐渐使受训者陷入不安、厌烦的情绪当中，所谓“此时此地”的事情实际上就是人们此时的心理状态和心理活动。随着这种交谈的进行，人们逐渐注意自己的内心活动，开始更多地倾听自己的内心和别人的讲话。同时，由于与他人赤诚坦率地交谈，也开始发现别人那些原来自己没有注意到的言语和行为上的差别。经过一段时间训练，人们慢慢审视自己的内心世界，发现平时不易察觉到的或者不愿意承认的不安与愤怒的情绪。另外，由于细心地倾听了别人的交谈，也能逐渐设身处地地体察别人、理解别人。

2. 提高人际魅力。应该说，每名技术人员都有其内在的人际魅力，人际魅力是一个人的综合素质在人际交往中的体现。要提高人际魅力，就要求广大技术人员丰富自己的内心世界，从仪表到谈吐，从形象到学识，全方位提高自己。心理学研究表明，初次交往中，良好的形象会给对方留下深刻的印象，而随着交往的深入，学识、个性等更占主导地位。因此，要加强技术人员的个性培养，拓展自己的内涵，丰富自己的学识。

3. 换位思考。这对建立良好的人际关系非常重要。“如果我在他的位置上，我会怎样处理?”经常站在对方的角度去理解和处理问题，一切就会变得简单多了。一般而言，善于交往的技术人员，往往善于发现他人的价值，懂得尊重他人，愿意信任他人，对人宽容，能容忍他人有不同的观点和行为，不斤斤计较他人的过失，在可能的范围内帮助他人而不是指责他人。他们懂得“你要别人怎样对待你，你就得怎样对待别人”；懂得“己所不欲，勿施于人”；懂得“得到朋友的最好办法是使自己成为别人的朋友”；懂得别人是别人而不是自己，因而不能强求，懂得与朋友相处时应求大同，存小异。

4. 善用赞扬和批评。心理学家认为，赞扬能释放一个人身上的能量，调动人的积极性。“赞扬能使羸弱的身体变得强壮，能给恐惧的内心以平静与依赖，能让受伤的神经得到休息和力量，能给身处逆境的人以务求成功的决心。”有报道曾说，一位欧洲妇女出门旅行，学会了用数国语言讲“谢谢你”“你真好”“你真是太棒了”等，她所到之处，都受到热情接待。真心真意、适时适度地表达你对别人的赞扬，能够增进彼此的吸引力。

要善于落落大方地说“谢谢”。我们经常认为特别亲近的人不需要说“谢谢”，太小的事不需要说“谢谢”，我们在生活中不太愿意直接表达我们的感谢，而是愿意记在心中。事实上，真诚的发自内心的感谢闪烁着人性的光辉。

与赞扬相对的是批评。一般情况下，应多赞扬，少批评，批评是负性刺激。通常只有用意善良、符合事实、方法得当时，才有可能产生积极的效果，才能促进对方的进步。批评时应注意场合与环境，应对事不对人，不能全盘否定一个人，这样会挫伤对方的积极性与自尊心，应针对现在的一件事而不是将以前的事重新翻出来，措词与态度应是友好的、真诚的。

5. 主动交往。对风华正茂的青年技术人员来说，需要有丰富的人际关系世界，并在这个世界中感受帮助与被帮助、同情与被同情、爱与被爱、共享欢乐与承受痛苦。那些主动去接纳别人的人，在人际关系上较为自信。而主动交往较少的人，往往有两方面的原因：一是缺乏自信，担心遭到拒绝，担心别人不会像自己期望的那样回应自己，从而使自己处于窘迫的局面，伤害自尊心。事实上，问题远没有我们想象的那么严重，因为人际关系中，双方都需要适应，需要相互交往来消除陌生感。二是在人际关系方面有许多误解。如“先同别人打招呼，在别人看来低人一等”“那些善于交往的人左右逢源，都有些世故、圆滑”“我如此麻烦别人，别人会认为我无能，会讨厌我”等。

6. 帮助别人。心理学研究发现，以帮助与相互帮助开端的人际关系，不仅容易确立良好的第一印象，而且人与人之间的心理距离也可以迅速缩短，使良好的人际关系迅速建立起来。日常生活中的患难之交正说明这一点。所谓“雪中送炭”的心理效应，就比锦上添花更重要。

（二）积极聆听

从古至今，中国人一直将“少说话，多做事”“沉默是金”奉为瑰宝，固执地认为埋头苦干是事业走向辉煌的制胜法宝，却忽略了一个人身在组织中，良好的沟通是一种必备的能力，是保持良好人际关系的重要法宝。作为一个群体，成员间的沟通能力是保持群体旺盛生命力的必要条件；作为一个个体，要想在组织中获得成功，沟通是最基本的要求。

沟通能力在工作中是非常重要的，现代社会是个开放的社会，当我们有了好想法、好建议时，要尽快让别人了解、让上级采纳，为组织做贡献。否则，不论我们有多么新奇的观点和重要的想法，如果不能让更多的人理解和分享，那就几乎等于没有。在良好的沟通过程中，说占到30%，听占到45%。因此，有效地聆听对于保持良好的人际关系具有重要作用，然而，如何听却是常常被人们忽略的一项沟通技术。

1. 积极聆听的作用

向他人倾诉是重要的心理需求，而善于倾听对于任何人都是一种必备的素质。如果没有倾听的过程，让对方把委屈留在心里，就可能会使对方产生消极情绪，影响其工作的积极性、主动性。积极聆听的好处往往在于：只要我们听完了，表示理解了，他的心情就好多了，事情也就解决了。此外，积极聆听还有其他三个方面的作用，包括获得更多的信息，给对方留下一个谦虚的印象，准确理解对方的意图，以便做出下一步决策。

2. 听的层次

“听”和“积极聆听”并不是等同的，“听”可以分为以下几个层次：听而不闻，左耳朵进，右耳朵出；假装聆听，假装很认真地听，而是否理解则不一定；择而听之，对于对自己有用的信息就仔细聆听，对于没用的信息就打断；全部都听，但是否听得懂就值得怀疑了。

积极聆听，设身处地地站在对方的立场，理解对方的意图。一种有趣的说法也说明了“听”的几个层次：男女之间在初恋的时候是积极聆听，一定会站在对方的角度去思考问题；热恋的时候则进入择而听之的阶段，即关键的就听，其他的搁一边；结婚后，基本上是假装聆听，落一个好态度；等到成了老夫妻时，也就是听而不闻了。

3. 积极聆听的原则

积极聆听至少要做到：在倾听的过程中要与对方有目光的接触，要注视对方的眼睛。不要打断对方，迫不及待地插话、打断别人的谈话是相当不礼貌的行为，可能会使对方受到打击。不要急于下结论，听完后要仔细斟酌，一定要集中注意力，聚精会神地去听，并积极地给予反馈，这种反馈并不是进行价值判断，也不是做别人的老师。

4. 积极聆听的四个技巧

（1）问开放式的问题。开放式的问题不能用“YES”或“NO”回答。“你喜欢技术工作吗?”就不是一个开放式的问题，而是个封闭式的问题，对方只能回答喜欢或不喜欢，提问者就不可能得到更多的信息。对于开放式的问题，提问者所收到的信息也会相应增多。积极聆听要以询问开放式的问题为主，但也可以有封闭式的问题，要通过不断提问来收集对方的信息。

（2）重复对方的话。当对方的语句比较长的时候，听者可以重复其中的某些内容，让对方确定自己是否听得很确切；或对方在强调某一个重点词语的时候，听者也应重复一下这个重点词语，使对方感受到这个重点已被听者重视。例如，领导给一青年同志做工作，希望派他到山区工作，说明情况后，青年的回答是："因为各方面的原因，暂时还不太想去。""不想去"就是重点词语，可以重复"不想去"一词，当我们重复的时候，这个同志就会围绕着不去的原因进行解释。当强调某个重点词语的时候，听者事实上就是希望对方能够就这个重点词语展开论述；重复对方的语句，可以挖掘语句背后的隐藏意义。

（3）表达自己的理解。对方的谈话可能包括很多内容，但对于哪些是真正的重点、哪些我们还存在疑义，要表达出自己的理解。把自己的理解表达出来有以下好处：一是表示我们已经理解了对方的意思，可以把对方很长的语句缩减为很简要的表达；二是确定与对方的理解一致。

（4）保持沉默。例如，当谈论一些比较严肃的话题时，在沟通过程中，有时需要时间来思考沟通的问题，有时可能会发生冲突和矛盾，这些时候可适当地保持沉默。通常在沉默的时候，对方会觉得不自在，从而急于打破沉默，这样就会说出更多的信息。沉默要在适当的时间使用，不能过多或过少。

（三）有效表达

良好的人际关系离不开人与人之间的良性互动。有效表达是保持良好人际关系的重要途径。

1. 对事不对人

对事不对人也可以用另外一句话来代替，"谈行为而不谈个性"。"事"指的是一种行为，即说过什么、做过什么；"个性"指的是我们对一个人的特点和品质的感受。谈论个性很容易引起对方的误解，使其产生逆反心理，从一开始就会建立一个比较负面的基础。例如，小王上班迟到了几次，领导便责备小王很懒散，这就是对小王个性的评价。此时，小王可能就会产生抵触情绪："迟到就是懒散吗？我加班的时候你也没有表扬我勤快啊？"如果换一种方式与小王谈迟到的问题，可能就不会出现这样的现象，比如说："小王，这是你第二次迟到，上一次迟到是在上星期三，怎么了，家里有什么事吗？"这就是对事不对人的表达方式，或者叫谈行为不谈个性，行为说明的是事实，人们更容易接受事实。

2. 坦白表达自己的真实感受

很多人认为应对自己的感受有所保留，而实际上，在与对方沟通时，只有坦白地表达自己的真实感受，才能打破坚冰，建立双向沟通的基础，才能使对方知道我们对于他的观点是承认还是否定，对于他的工作是肯定还是不满，从而使对方受到鼓舞，同时能够针对自己不满意的地方对对方进行指导。

3. 多提建议少提主张

建议指的是只提出自己的观点和方法，由对方去做决定；主张是使对方接受自己的观点和想法，因此有一点强迫对方接受的意味。调查表明，提出建议的时候，对方认可的可能性有42%，但提出一个主张的时候，对方认可的可能性只有25%，而不管我们的态度有多强硬，施加的压力有多大，接受的可能性都在降低。提出建议的时候，反对的可能性会占18%，但提出一个主张，反对的可能性则是39%，从这些调查数据中可以看出，多提一些建设性的意见比主张更有效。当对方在某方面完全没有经验，确需你给他提出明确的主张时，可以给他提供一些主张，但同时也要说明理由和原因，阐明这样做的好处和坏处，让对方自己去做决定。

4. 充分发挥语言的魅力

在沟通的过程中，还需要充分发挥语言的魅力。例如，要把"你"和"你们"，变成"我"和"我们"，这样可以使沟通双方更加贴近，要把"应该"变成"可能"，把"但是"变成"是"，把"为什么"变成"是什么”等。有时候，要发挥自己的幽默感，让对方感受到我们的亲和力。

5. 让对方理解自己所表达的含义

让对方理解自己所表达的含义有以下几种做法：

（1）使用对方能够理解的语言。很多时候，谈话的双方可能来自不同的背景，具有不同的知识层次、经验和专业背景，所以不要说一些对方听不懂的语言，而要用简单易懂的语言清楚地表达，对于对方不熟悉的专业术语，要进行清晰的解释。

（2）简洁原则。与对方谈话时要言简意赅，不要过于啰嗦，否则会使对方厌倦、反感，或者理解起来很费力。

（3）及时了解对方的理解程度。在发表自己的观点时要给听者提问的机会，并及时询问对方有哪些不理解，对重点或难懂的内容应不断重复、详细讲解。

【心理小测试】

客观地评价自己是否具有良好的沟通能力，请大家就以下问题认真地问问自己：

（1）我真心相信沟通在组织中的重要性吗?

（2）在日常生活中，我在寻求沟通的机会吗?

（3）当我站在台上时，能很清晰地表达自己的观点吗?

（4）在会议中，我善于发表自己的观点吗?

（5）我是否与朋友保持联系?

（6）在休息时间，我经常阅读书籍和报纸吗?

（7）我能自行构思，写出一份报告吗?

（8）对于一篇文章，我能很快区分其优劣吗?

（9）在与别人沟通的过程中，我都能清楚地传达自己想要表达的意思吗?

（10）我的每一次沟通都是成功的吗?

（11）我的沟通能力对工作有很大帮助吗?

（12）我喜欢与领导一起吃饭吗？

以上问题，回答“是”得 1 分，回答“否”不得分。得分在 8—12 分，说明协调沟通能力比较好；得分在 1—4 分时，说明协调沟通能力不太好，需要好好培养。

评价自己的沟通方式是否合适，要认真问自己以下几个问题：

（1）在一般情况下，经常是我主动与别人沟通还是别人主动与我沟通？

（2）在与别人沟通的过程中，我会处于主导地位吗？

（3）别人适应我的沟通方式吗？

要知道，主动沟通与被动沟通是完全不一样的。如果我们迈出主动沟通的第一步，就非常容易与别人建立广泛的人际关系，在与他人的交流沟通中更能够处于主导地位。当我们处于主导地位时，就会集中注意力，主动去了解对方的心理状态，并调节自己的沟通方式，以便更好地完成沟通过程。这时候的沟通方式就是最合适的。

【心灵物语】

经典的沟通原则

（1）讲出自己内心的感受，哪怕是痛苦和无奈。

（2）不批评、不抱怨，批评和抱怨是沟通的刽子手，只会使事情恶化。

（3）尊重他人，即使对方不尊重我们。

（4）有情绪的时候不要沟通，尤其是不能做决定。

（5）适时说声“对不起”，这是沟通的软化剂。

（6）当事情陷入僵局时，要耐心等待转机。

人际关系的真谛：以内养外

以内养外是人际协调的一个重要观念。现在关于形象包装、公关技巧、成功捷径的书及各种资料越来越多，很容易给人们一种错觉——外在的一些东西，比内在的修养更重要。而在实际生活中，要拥有一个良好、稳定、经得起考验的人际关系，真正提高自己的人际协调能力，最重要的决定因素在内不在外。光有技巧是不够的，个人的品行、学识、修养、能力才是最重要的砝码。所以，我们要注重个人修养。以内养外、苦修内功的一个基本含义是尽到本分、干好本职工作，在本职工作岗位上不断钻研、勤奋进取、无私奉献。要不断加强学习，以渊博的知识充盈自己的头脑，一个充满智慧的人更容易博得众人的好感。要加强个人修养，要有吾日三省吾身的勤勉和自觉，严格自律，谦虚谨慎，以卓越的个人品格赢得尊重、赢得朋友。

培养和保持良好人际关系的小方法

1. 尽可能鼓励别人。要称赞别人获得的成果，即使是很小的成功。称赞如同阳光，缺少它，我们就没有生长的养分。称赞永远不会多余。

2. 要在任何时候都让别人保留脸面。不要让任何人感到难堪，不要贬低别人，不要夸大别人的错误。

3. 在别人背后只说他的好话。如果找不到什么好话，就保持沉默。

4. 仔细观察别人，那样就会发现他做的好事。当你表示赞许的时候，要充分说明理由，这样你的称赞就不会有谄媚之嫌。

5. 要经常赞许别人高尚的思想和行为。每个人都希望被别人认为是宽宏而无私的。如果希望别人有所改善，那么你就做出仿佛他已经拥有这些优良品质的模样。这样，他才会尽一切可能不让人失望。

6. 要允许别人自我感觉良好。不要吹嘘，而要承认自己也有缺点，要谦虚谨慎、戒骄戒躁。如果你想树敌，就处处打击别人；如果你想得到朋友，要得饶人处且饶人。

7. 当你犯错的时候，要及时道歉；当你受到指责的时候，最好负荆请罪。

8. 要多提建议，而不是发号施令。这样做，可以促进合作，避免引发矛盾。

9. 当别人发怒的时候，要表示理解。他人的怒火常常只是为了引起你的注意，你要给予别人足够的同情和关注——他们需要这些。

10. 要尽可能少说话。要给别人诉说的机会，自己甘愿做一个好听众。

11. 要让别人相信，主意来自于他自己。每个人都愿意按照自己的意愿行事。

12. 不要打断别人的话，即使他说错了。当他心里有事的时候，是不会耐心听你诉说的。

13. 要试着从别人的立场分析事情。印第安人有句俗语：“首先要穿别人的鞋走上一段路。”不要忘了问自己：他这样做是出于什么原因？理解一切意味着宽恕一切。

14. 不要总是有理。你可以比别人聪明，但是请不要告诉对方，而要承认也许是自己错了——这样可以避免一切争吵。

15. 常常赠送一些小礼品——可以是没有任何理由的，寻找让别人快乐的途径。在礼物上花费的精力表明了你在他身上花费的心思。

16. 在发生矛盾的时候，要保持镇静。首先要倾听对方的意见，努力寻找双方的一致之处，还要用批评的眼光看待自己，向对方保证考虑他的意见，并对他给予自己的启发表达谢意。

17. 要对别人表示真正感兴趣，注意力在对方身上而不是自己身上。

18. 保持微笑。越是不善于微笑的人越需要保持微笑。

19. 要记住对方的姓名。这表明你对他的尊重。每个人都愿意听到自己的名字，而不是一个名字的代替品。

20. 要尽快宽恕别人，不要记仇。

【心理训练】

● 学会赞美他人

目标

学会赞美、学会欣赏、学会发现别人的优点。

通过训练使技术人员说出彼此的优点，让大家发现自己有很多优点原来是自己所不了解，但别人却看到了的。同时，也要学会看到别人身上的优点，学会赞美别人，提高人际交往能力。

人员构成

以办公室或小组为单位组织训练，将技术人员分成两人一组。

任务

（1）让每个小组的成员分别就下面的三个方面赞美对方：

对方的相貌外形方面。

对方的个人品质方面。

对方的才能和技能方面。

（2）要求每名技术人员的每个方面至少要有两条。

（3）最后大家要分别说出自己对搭档的赞美。

注意事项

（1）赞美对方要诚恳，衷心地表达赞美之意。

（2）赞美对方要符合实际，如实发现对方身上的优点，而不是肆意夸大、阿谀奉承。

（3）赞美对方要自然，面带微笑，注视对方，语调平和亲切。

通过训练，我们能够发现别人身上的闪光点，学会换位思考，从而进一步改善与人相处的方式方法。

训练拓展

这项训练可以在单位中更加深入地开展，可以让一个办公室或一个科室的技术人员，互相通过卡片的方式写下对方的优缺点。卡片正面是优点，背面是缺点。当我们因成功而自我膨胀时，看看卡片背面；当我们觉得自己很失败、情绪很消极时，可以看看卡片的正面。

分析回顾

（1）给予或接受他人给予的赞美对很多人来说是一种新的尝试，但是只有互相欣赏，才能让彼此之间的交流更加流畅。

（2）要学会以一个正确的态度来接受别人的赞美。要学会微笑地接受，但同时又不能将别人的赞美太当回事。

三、如何提升挫折承受力

挫折承受力是耐受力中一个很重要的维度。耐受力指的是在压力或负面条件下维持稳定的工作表现及以他人和组织能够接受的方式应对压力的能力。由于技术单位工作的特殊性，一些岗位需要常年坐冷板凳，从事一些单调、枯燥、零散、琐碎的工作，甚至长期待在一个孤僻的地方默默工作，这些都需要技术人员具有很强的耐受力和挫折承受力。

最早使用“承受力”这一概念的是美国心理测验专家罗森·茨威格。他给挫折承受力下的定义是“抵抗挫折而没有不良反应的能力”，即个体适应挫折、抵抗和应付挫折的一种能力。一般来说，挫折承受力较强的人，往往挫折反应小，挫折时间短，挫折的消极影响少；而挫折承受力较弱的人，则容易在挫折面前不知所措，甚至导致心理和行为的失常。因此，挫折承受能力的大小反映了一个人的心理素质和健康水平。许多人的心理问题就是遭受挫折而又不能很好地排解和调适造成的。增强挫折承受能力，是获得对挫折的良好适应和保持心理健康的重要途径。

（一）善于调节自我抱负水平

自我抱负水平是指个人对未来可能达到的成功标准的心理需求，即人们在从事某种实际活动之前，对自己所要达到目标规定的标准。如果一个人对自己规定的标准高，那么他的自我抱负水平就高；如果对自己规定的标准低，那么他的自我抱负水平就低。可见，自我抱负水平是自定的标准，仅仅是个人愿望，与个人的实际成就不一定相符合。一般而言，自我抱负水平直接影响个人的学习和生活，一个抱负水平较高的人，往往对自己的要求也较高，因而其学习、工作的效率也就较高；一个抱负水平低的人，对自己的要求也就低，缺乏积极性、主动性，因而其学习、工作的效果也就较差。但是，个人的自我抱负水平必须建立在对自己的实际能力正确认知的基础上，如果一个人的自我抱负水平总是高于自己的实际能力，那就很难达到预期的目标，很容易遭受挫折。

在现实生活中，不少技术人员在学习等方面遭受的挫折都与自我抱负水平的确立不当有关。因此，技术人员必须学会根据自己的实际能力正确设定生活的目标，调整自我抱负水平，并在前进中及时调整自己的目标。如果在目标实施过程中，发现自己设定的目标不切实际，前进受阻，就要及时调整目标，以便继续前进。对于那些远大目标，要把它们分解成中期、近期和当前目标。如对于考学，就可以由易到难给自己设定学习目标，当受到挫折后，应及时调整目标，改进方式或方法。这样，就可以在成功中体验到愉快和满足，逐步提高自信心，又能在失败、挫折后不断总结经验教训，最终战胜挫折，取得最后的成功。必须指出的是，技术人员在确立自我抱负水平时，应注意把自己的目标与客观环境条件、组织利益等因素综合起来考虑，这样才能做出有利于自身，更有利于社会的成就来。

（二）正确认识自我和评价自我

当代的青年技术人员大多没有经历过艰苦生活的磨炼，社会阅历不够丰富，往往对自我的认识与评价不到位，要么高估，要么低估。他们一般有着极高的成就动机，总想出人头地、大展宏图，因而对自己的目标定位过高。但是，社会环境总是非常复杂的，面对激烈的竞争压力，他们常常缺乏迎接挫折与困难的心理准备，在挫折面前又表现得信心不足而迷惘无措，情感表现得敏感、脆弱。因此，青年技术人员必须正确认识自我和评价自我。

正确地认识自我和评价自我，就是指技术人员应根据自己的学习要求、成长要求，恰当地分析自身的长处和不足，对自己的不足要有足够的了解，这样才能扬长避短、取长补短，实现自我价值。例如，某机关工作人员的文字表达能力不好，很容易给自己带来压力和困扰，如要扬长避短，则需转变岗位，但很多时候我们不可能改变环境，所以只能取长补短，加强写作能力，由此可见，解决内在问题更为有效。

（三）确立合理的自我归因

生活中，人们对行为的成功与失败进行归因是一件很正常的事，然而在这一过程中形成的归因倾向则对人的心理承受能力有很大的影响。心理学研究表明，在归因中，有些人倾向于情境归因，认为外部复杂且难以预料的力量是主宰行为的原因。如一个技术干部认为自己科研项目完成得不够完满主要是因为项目难度太大、项目时间期限太紧。有些人倾向于本性归因，即认为自身的努力、能力是影响事情的发展与行为结果的主要原因。例如，认为自己科研项目做得不够好是自己在该方向的科研能力欠缺造成的。一般来说，进行本性归因的人对自己的行为与学习有更多的自我责任定向与积极态度，但是从对失败的归因方面来看，他们倾向于把原因归于主观因素，就容易自我埋怨、自我责备。如果这种自责、悔恨过多，就会给他们带来挫折感和心理损伤。

因此，技术人员首先要学会多方面收集关于事件的信息，了解问题的原因所在；其次要学会合理的归因，避免归因的片面性，学会实事求是地承担责任，克服过分承担或完全推诿责任的倾向；再次要积极采取措施，主动改变挫折情境因素，从而有效应对挫折。

（四）增强挫折认知水平

心理研究表明，一个人越是能够获得与挫折事件相关的信息，就越能够有效地处理它，越是参与到他怕面对的挫折情境中去，就越能够有效地对付这种情境。可见，个体对挫折的反应和承受能力不仅取决于挫折情境本身，更重要的是取决于其对挫折的认知。既然挫折是社会生活的组成部分，是不可避免的人生经历，技术人员就应该正确地认识挫折、战胜挫折，并把挫折作为成功的阶梯。

正确地认识挫折首先应该认识到挫折的两重性：即挫折一方面对人有消极的影响，如挫折会影响个体实现目标的积极性，降低个体的创造性思维水平，损害个体的身心健康；另一方面也有积极的作用，如挫折能增强个体情绪反应的力量，增强个体的容忍力，提高个体对挫折的认识水平。因此，辩证地看待挫折的两面性，就能够变不利因素为有利因素，化消极因素为积极因素，促使挫折向积极方面转化。

学会客观对待挫折情境。如有的技术人员因为一次工作没做好，受到领导的严肃批评，就悲观失望甚至自暴自弃。这种表现是他的错误认知导致的。人生的道路总是崎岖不平、丰富多彩的，一次的失败并不能够代表全部，人生成才的道路、成功的机会是很多的，只要自己努力，就会有一个崭新的未来。

【心理训练】

直面批评[①]

在人生漫长的道路上，每个人都不可避免地会被别人提意见，会遭到别人的批评。有些人在受到别人的指责、批评时，往往会感到自尊心受挫，产生消极甚至抵触的情绪，出现悲观、沮丧或怨愤，影响人际交往。所以，应直面批评，调整好情绪，把善意的批评当作一面镜子，冷静地看待自己身上的不足，寻找纠正或改善的方法；把善意的意见看作是逆耳的忠言，以使自己获得进步。技术人员在做研究的过程中，随时可能遇到各种各样的问题，有的能成功解决，有的难以解决，有时还可能遭受挫折，导致失败。

直面批评的训练科目，就是要让参训人员体验挫折情境，适时调整认知，从而达到消除不良情绪反应的目的。

人员构成

可以办公室或课题组为单位进行。

任务

要求所有参训人员呈半圆弧坐下，训练开始时可由教练员请一位志愿者站出来，确定成为被批评者。被批评者依次站在每一位队友的面前，距离 1 米，目光对视，接受队友的批评。当批评结束时，被批评者要诚恳地对对方说“谢谢”，待全队对自己的批评结束后，要总结大家对自己的批评。批评的内容可以包括对待同事的态度、工作上是否积极主动、有无集体主义精神等。每一名参训队员轮流做一次被批评者。

规则要求

（1）批评者的态度要诚恳，批评要敢于打破情面、要直接。批评的内容要真实、要有理有据。但是，批评只是对事不能对人，更不能进行人身攻击；

---

① 参见王择青、郭杰：《军事心理教育训练教程（下）》，军事科学出版社，2007 年版第 212—214 页。

（2）被批评者要诚心诚意地接受批评；

（3）要求在训练的过程中，气氛一定要严肃认真；

（4）如有人违反以上要求，将被取消此次训练资格。

典型行为

（1）训练中，不同人员参与的程度不同；

（2）有的人并没有认真地参与和思考，总是批评空泛而没有明确的事实依据；

（3）有的人在受到批评时，有强烈的挫折感；

（4）有的人不能通过批评认识到自己存在的问题，总认为别人是在针对自己。

分析回顾

（1）被人批评的感觉如何？

（2）在批评他人时的感觉如何？为什么会这样？

（3）在平时的学习和生活中，我们有没有这样批评过他人，为什么？

（4）我们应该如何正确地面对这些批评？如何以良好的心态来接受他人的批评？

（5）训练后，同事之间的心理距离是否发生了变化？有哪些具体的变化？

（五）构建成熟的心理防御机制

心理防御机制是挫折发生后人在心理活动中所具备的有意或无意地摆脱挫折造成的心理压力、减少精神痛苦、维护正常情绪、平衡心理的种种自我保护方式。心理防御机制的意义有积极和消极之分。其积极的意义在于能够使主体在遭受困难与挫折后减轻或消除精神压力，恢复心理平衡，甚至激发主体的主观能动性，激励主体以顽强的毅力克服困难，战胜挫折。其消极的意义在于使主体可能因压力的缓解而自足或者使主体出现退缩甚至恐惧行为。

受挫后的心理防御机制有很多，但有利于技术人员成长的积极的心理机制主要包括以下几个方面：升华、补偿、幽默等。升华是指个体在受到挫折后，把自己的理想转移到更有价值的事业上去。古今中外许多成大事者无不是在逆境起飞，将挫折升华到更有价值的事情上去。“文王拘而演《周易》、仲尼厄而作《春秋》、屈原放逐乃赋《离骚》、司马迁受辱《史记》传世。”升华的心理防御机制能够使我们在遭遇挫折后，把内心痛苦化为一种动力，转而投入到有益的生活学习中去，这无疑是人们应对挫折的最佳方式。补偿是个体因自身的某种缺陷而达不到既定目标，以其他可获得成功的活动或特长来代替，通过新的满足来弥补原有欲望受挫的应对方式。失之东隅，收之桑榆。每届残运会上，我们的心灵都会被那些身残志坚者所触动。幽默是指个体面临困境时，并不在意或试图转移在场其他人的注意力，而以幽默的方式化解自己的窘迫处境。相信大家都听过苏格拉底的一个小故事：一天，苏格拉底在和朋友讨论问题时，他的夫人突然跑来，先是大骂，过会直接泼下一盆水，把苏格拉底全身都淋湿了。在这种尴尬的处境下，苏格拉底幽默地说，“我早知道，打雷之后一定会下雨”。尴尬情境随之化解。最积极成熟的幽默式防御是自嘲自损。一个人放低了自己的姿态，拿自己下手，别人再计较就太说不过去了。还有一些心理防御机制也能使人们获得心理平衡，保持自尊，减轻内心的痛苦和焦虑。另外，合理的情绪宣泄也是缓解人们受挫后的紧张和焦虑、保持身心健康的有效机制。总之，构建成熟的心理防御机制，不仅有助于技术人员提高自身的心理健康水平，也有助于技术人员自信心的培养与意志力的磨炼。

【心灵物语】

人生路途漫长，顺境时切莫得意忘形，不要被冲昏头脑；逆境时也莫逃莫避，而应奋起直追，一如既往地驶向彼岸，以自信的灿烂微笑去咀嚼挫折。最终，我们将在咀嚼中汲取宝贵的营养，获得思维的升华，从而成功地跨越这道障碍。

勇敢地迎接并经受挫折的挑战，是培养挫折承受力的关键。挫折犹如一剂清醒剂，在我们偏离航向或脱离实际时亮出黄牌警告，使我们清醒过来，重新认识环境和困难，重新调整自我的人生坐标。挫折犹如一座加压泵，使我们调集全身心的力量去面对现实，努力奋斗，使我们的心理得到锤炼，走向成熟，进而走向成功。

【心理小测试】

请认真思考以下题目，它们能帮助我们了解自己的挫折承受能力。①

（1）碰到令人担心的事

A. 无法着手工作　B. 照干不误　C. 两者之间

（2）碰到讨厌的对手时

A. 感情用事，无法应付　B. 能控制感情，应付自如

C. 两者之间

（3）失败时

A. 不想再干了　B. 努力寻找成功的机会　C. 两者之间

（4）工作进展不顺时

A. 焦躁万分，无法思考　B. 可以冷静地想办法

C. 两者之间

（5）工作中感到疲劳时

A. 脑子不好使了　B. 耐住疲劳继续工作　C. 两者之间

（6）工作条件恶劣时

A. 无法干好工作　B. 克服困难创造条件　C. 两者之间

（7）在绝望的情况下

A. 任凭命运摆布　B. 力挽狂澜　C. 两者之间

（8）碰到困难时

A. 失去信心　B. 开动脑筋　C. 两者之间

（9）接到很难完成的任务或很难完成的工作时

A. 顶回去　B. 千方百计干好它　C. 两者之间

（10）困难落到自己的头上时

A. 厌恶至极　B. 努力克服　C. 两者之间

---

① 参见马松源：《心理医生·心理诊疗篇》，线装书局，2009 年版第 224—225 页。

评分标准：

A =0 分；B =2 分；C =1 分。

总分在 17 分以上，说明挫折承受能力很强；在 10—16 分之间，说明对某些特定挫折的承受力比较弱；在 9 分以下的，说明承受能力比较弱。

四、如何拓展思维能力

（一）常见的错误思维方式

我们的思维有很多弱点，如果按照错误的思维方式进行思考，得出的结论就是谬误的。常见的错误思维方式有很多，比如：

1. 人总喜欢沿袭以往习得的经验，并通过类比来进行推理。比如，小王第一次在一个地铁终点站坐地铁，看着从远方开来的地铁就心生疑惑——“这车的每节车厢都这么长，待会怎么调头呢？（他心里想，没看到铁轨终点有一个大大的供调头的 U 形弯啊）”，当车开动的时候才意识到原来车是可以两头开的。

2. 人喜欢从关联当中寻找因果。比如，张平陪他老婆去银行取款，到了 ATM 室的自动门口，他开玩笑地拿着手头的饭卡刷了一下，然后门居然开了。他顿时来了劲，立即得出一个结论：这个刷卡装置不安全，至少不是能够专门识别银联卡的。他甚至飞快地泛化出一个更具一般性的理论来解释这个现象：可能所有带有磁性的卡都可以用来开门。老婆看他得意洋洋的，就泼过来一盆冷水：不一定是我们的卡刷开的啊，我们不刷卡试试看。他不信，心想我刷了卡，门就开了，还有比这更明显的因果关系吗？但出乎意料的是，他走出门，这次没刷卡，门也开了——原来是感应门。早先这个 ATM 室的确是刷卡门，但后来改成感应门，刷卡的那个装置只不过是没拆掉而已。

人类的思维充满各种各样的捷径，每一条捷径都是一把双刃剑。一方面，它降低了大脑的认知复杂性（笼统地看一个问题要比细致地分析简单得多），有助于迅速做出绝大部分时候都正确的判断；另一方面，它也常常导致人们把大部分情况下成立的法则当成放之四海而皆准的真理。可以说，有多少条捷径，就有多少条谬误。

人类的情绪也在很大程度上影响着人的思考。比如，如果我们憎恶一个人，往往就会反对他的所有立场，反之亦成立。人类不可避免地受各种各样偏见的影响，有些偏见是有一定适应价值的“思维定势”（如事后聪明式偏见），有些则是大脑认知机制的“缺陷”。

了解了这些，我们再来看如何培养自己的思维能力。

（二）常见的思维能力训练法

思维能力的训练是一种有目的、有计划、有系统的教育活动，不可轻估它的作用。人的天性对思维能力具有影响力，但后天的教育与训练对思维能力的影响更大、更深。许多研究成果表明，后天环境能在很大程度上造就一个新人。

思维能力训练的主要目的是改善思维品质，提高思维能力，只要能在实际训练中把握住思维品质，进行有的放矢的努力，就能顺利地、卓有成效地坚持下去。思维并非神秘之物，尽管看不见、摸不着，但它却是实实在在、有特点、有品质的普遍心理现象。

1. 推陈出新训练法

当看到、听到或者接触到一件事情、一种事物时，应当尽可能赋予它们新的性质，摆脱旧方法的束缚，运用新观点、新方法、新结论，反映出独创性，按照这个思路进行思维方法训练，往往能收到意想不到的效果。

2. 聚合抽象训练法

把所有感知到的对象依据一定的标准“聚合”起来，显示出它们的共性和本质，这能增强创造性思维活动。首先，要对感知材料形成总体轮廓认识，从感觉上发现十分突出的特点；其次，要从感觉到的共性问题中肢解分析，形成若干分析群，进而抽象出本质特征；再次，要对抽象出来的事物本质进行概括性描述，最后形成具有指导意义的理性成果。

3. 生疑提问训练法

此训练法是指对事物或过去一直被人认为是正确的东西或某种固定的思考模式提出新观点和新建议，并运用各种证据，证明新结论正确性的过程。这种方法也反映出技术人员创新能力的高低。训练方法是：首先，每当观察到一件事物或现象时，无论是初次还是多次接触，都要问“为什么”，并且养成习惯；其次，每当遇到工作中的问题时，尽可能地寻求自身运动的规律性，或从不同角度、不同方向变换观察同一问题，以免被知觉假象所迷惑。

4. 集思广益训练法

此训练法是指在一个组织起来的团体中，大家彼此交流，集中众多人的集体智慧，广泛吸收有益意见，从而达到思维能力提高的方法。此法有利于研究成果的形成，还具有潜在的培养技术干部研究能力的作用。当一些极富个性的技术干部聚集在一起，由于每个人的起点、观察问题的角度不同，研究方式、分析问题的水平不同，相互碰撞就会产生种种不同观点和解决问题的办法。通过比较、对照、切磋，人们就会有意无意地学习到对方思考问题的方法，从而使自己的思维能力得到潜移默化的改进。

（三）创造性思维的培养

创造性思维是人类的高级心理活动。心理学认为，创造性思维是指思维不仅能揭示客观事物的本质及内在联系，而且能在此基础上产生新颖的、具有社会价值的，前所未有的思维成果。创造性思维是在一般思维的基础上发展起来的，它是后天培养与训练的结果。卓别林为此说过一句耐人寻味的话：“和拉提琴或弹钢琴相似，思考也是需要每天练习的。”因此，我们可以运用心理上的“自我调节”，有意识地从几个方面培养自己的创造性思维。

1. 展开“幻想”的翅膀

有心理学家认为，人脑有四个功能部位：一是接受外部世界感觉的感受区；二是将这些感觉收集整理起来的贮存区；三是评价收到新信息的判断区；四是按新的方式将旧信息结合起来的想象区。只善于运用贮存区和判断区的功能，而不善于运用想象区功能的人就不善于创新。

心理学研究表明，一般人只用了想象区的15%，其余的还处于“冬眠”状态。开垦这块“处女地”就要从培养幻想入手。想象力是人类运用储存在大脑中的信息进行综合分析、推断和设想的思维能力。在思维过程中，如果没有想象的参与，思考就会发生困难，特别是创造性想象对思维能力具有重要作用。

爱因斯坦说过：“想象力比知识更重要，因为知识是有限的，而想象力概括着世界的一切，推动着进步，并且是知识进化的源泉。”爱因斯坦的“狭义相对论”就是从他幼时幻想跟着光线跑，并努力赶上开始的。世界上第一架飞机，就是从人们幻想造出飞鸟的翅膀开始的。幻想不仅能引导我们发现新的事物，而且能激发我们做出新的努力，去进行创造性劳动。青年技术人员具有爱幻想的先天特征，要珍惜这一宝贵财富。幻想是构成创造性想象的准备阶段，今天还在幻想中的东西，明天就可能出现在我们创造性的构思中。

2. 培养发散思维

所谓发散思维，是指倘若一个问题可能有多种答案，那就以这个问题为中心，将思考的方向往外散发，强调找出尽可能多答案的思维方式。人在这种思维中，可左冲右突，在找寻各种答案中充分体现出思维的创造性成分。1979 年诺贝尔物理学奖获得者、美国科学家格拉肖说：“涉猎多方面的学问可以开阔思路……对世界或人类社会的事物形象掌握得越多，越有助于抽象思维。”比如，我们思考“砖头有多少种用途”，至少有以下各式各样的答案：造房子、砌院墙、铺路、刹住停在斜坡上的车辆、砸钉子、压纸头、作尺子、垫东西、搏斗的武器……。

3. 发展直觉思维

所谓直觉思维，是指不经过一步一步的分析而突如其来的领悟或理解。很多心理学家认为它是创造性思维活跃的一种表现，它既是发明创造的先导，也是百思不得其解后突然获得的硕果，在创造发明的过程中具有重要的地位。物理学上的“阿基米德定律”是阿基米德在跳入浴缸的一瞬间，发现浴缸边缘溢出的水的体积跟自己身体入水部分的体积一样大，从而悟出的著名的比重定律。又如，达尔文在观察到植物幼苗的顶端向太阳照射的方向弯曲的现象时，就想到是幼苗的顶端含有某种物质，在光照下跑向背光一侧的缘故。但他在有生之年未能证明这是一种什么物质。后来许多科学家经过反复研究，终于在1933年找到这种物质——植物生长素。

直觉思维在工作过程中，有时表现为提出怪问题；有时表现为大胆的猜想；有时表现为一种应急性的构思；有时表现为解决一个问题，设想出多种新奇的方法、方案等。为了培养我们的创造性思维，当这些想象纷至沓来的时候，千万别怠慢了它们。青年技术人员感觉敏锐、记忆力好、想象力丰富，在发现和解决问题时，可能会出现突如其来的新想法、新观念，要及时捕捉这种创造性思维的产物，善于发展自己的直觉思维。

4. 培养思维的流畅性、灵活性和独创性

流畅性、灵活性、独创性是创造力的三个因素。流畅性是针对刺激能很流畅地做出反应的能力。灵活性是指随机应变的能力。独创性是指对刺激做出不寻常的反应，具有新奇的成分。这三性是建立在广泛知识的基础之上的。

20世纪60年代美国心理学家曾采用所谓急骤的联想或暴风雨式的联想的方法来训练大学生们思维的流畅性。训练时，要求学生像夏天的暴风雨一样，迅速抛出一些观点，不容质疑，也不要考虑质量的好坏或数量的多少，评价则在结束后进行。速度愈快表示愈流畅，讲得越多表示流畅性越高。这种自由联想与迅速反应的训练，对于思维，无论是质量还是流畅性，都有很大的帮助，可促进创造思维的发展。

5. 培养强烈的求知欲

古希腊哲学家柏拉图和亚里士多德都说过，哲学的起源乃是人类对自然界和人类自己所存在的惊奇。他们认为，积极的创造性思维，往往是在人们感到“惊奇”时，在情感上燃烧起对这个问题追根究底的强烈探索兴趣时开始的。因此，要激发自己创造性工作的欲望，首先必须使自己具有强烈的求知欲。而人的欲求感总是在需要的基础上产生的。没有精神上的需要，就没有求知欲。要有意识地为自己出难题，或者去“啃”前人遗留下的不解之谜，激发自己的求知欲。青年技术人员的求知欲最强，但若不有意识地将之转移到发展智力、追求事业成功中去，就会自然萎缩。求知欲会促使人去探索未知，进行创造性思维，而只有在探索过程中，人才会不断激起好奇心和求知欲，使之不枯不竭，永为活水。一个人只有对工作的心理状态总是处于“跃跃欲试”的阶段时，他才能使自己的工作过程变成一个积极主动“上下求索”的过程。这样的工作，就不仅能完成现有任务，而且能进一步探索未知的新境界，甚至创造出前所未有的新见解、新事物。

【心灵物语】

培养思维的创造性应注意几个小问题：

（1）加强学习的独立性，保持应有的好奇心。

（2）增强问题意识，在工作中注意发现问题，提出问题。

（3）注重思维的发散，在课题研究中进行多种方法、途径的尝试。

【心理训练】

● 头脑风暴法①

头脑风暴法是锻炼创造性思维的有效手段，它被用来尽可能多地设想和列举有助于解决问题的方法，而不受批评或评论意见的干扰。头脑风暴法有助于人们产生各种想法，适用于任何有多种潜在解决方法的问题。它可以回答的问题如：“我们需要哪些信息?”“我们如何获取这些信息?”

---

① 参见王择青、郭杰：《军事心理教育训练教程（下）》，军事科学出版社，2007 年版第 188—191 页。

“可以用什么标准来评估这些建议?”“我们可以做些什么?”“如何把我们的想法付诸于行动?”“我们这样做有什么好处和弊端?”

头脑风暴法可以产生大量想法，用来解决问题，还能使人们对问题有更好的理解。它还能培养人们面对疑难问题时的正确态度，提高个人想方设法解决问题的能力。

头脑风暴法通常用来帮助一个群体发掘新的思路。当群体面临的问题需要有创新的解决方法时，这种方法很有效。

人员构成

以办公室或课题组为单位进行训练。

情境设置

我军在一次战斗中，一支小分队一路穷追猛打直逼敌人的“心脏”，如果再向前推进的话，就有可能摧毁敌军的指挥部，但却发现小分队若孤军深入得太远，与友军部队失去了联系，极易受到敌军的包围（也可自由设置情境，原则是设置的情境要有发生各种问题的可能性）。

头脑风暴法的训练就是模拟当时的场景，让大家设想一下我们下一步应该采取什么行动。

实施过程

（1）发表观点阶段

每个参训人员就讨论的主题，畅所欲言地发表自己的观点，并陈述自己的理由和根据。每个人的发言时间不得超过 3 分钟，不允许在别人发言的时候随意插话。如果你认为自己的观点在规定的时间内不能表达清楚和完整，可等大家都讲完以后再补充发言。

每个人的观点都将记录在黑板上，在发言的过程中，绝对不允许有任何的批评意见。

（2）自由评议阶段

经过第一阶段后，就黑板上写出的所有观点进行评论，每个人的发言时间限制在 5 分钟之内。大家只能就观点进行评述，不能针对个人，更不能进行人身攻击，这是一条非常重要的原则。每个人在训练过程中要始终牢记以下原则：我们欢迎异想天开；我们所要求的是数量而不是质量；我们是在寻求各种想法的组合和改进。

分析回顾

（1）当你进行头脑风暴训练时，在你的心里还存在一些什么样的顾虑？

（2）你认为头脑风暴最适合于解决哪些问题？

（3）你现在能够想到的在工作中可以利用头脑风暴法的地方和问题都有哪些？

五、如何缓解工作压力

我们每个人都生活在压力之中吗？答案是“YES”。不同的是，有些人面临的压力大；有些人面临的压力小；有些压力是好压力，你并没有为之感到烦恼，以至于否定有压力这个问题；有些压力是坏压力，所以你会觉得压力山大。

好压力就是那些使你心情振奋、精力充沛，使你按时工作甚至主动加班加点，使你对生活充满向往，并且不断给你激励和挑战的压力。

坏压力是那些会使你感到焦急、愤怒和沮丧，甚至缩短你寿命的压力。坏压力是对那些来自外部的或自我强加的一种不良反应，会促使生理和心理状态发生不良变化（如无特别说明，本书中所提到的压力都是指坏压力）。

心理学认为，单纯的事情本身不会导致压力，而是你对它的理解产生了作用。两个人会遇到同样一件事或同一个刺激物，其中一人可能根本就没有注意到，而另一个人可能就被“压”得死去活来的。

我们先通过一个小测试，来了解一下你的压力水平。①

1. 经常患感冒，且不易治愈。　　是　否
2. 常有手脚发冷的情形。　　是　否
3. 手掌和腋下经常出汗。　　是　否

① 参见心理压力自测量表 https：//www. wjx. cn/jq/11844980. aspx。

4. 突然出现呼吸困难的苦闷窒息感。 是 否
5. 时有心脏悸动现象。 是 否
6. 有胸痛情况发生。 是 否
7. 有头重感或头脑不清醒的昏沉感。 是 否
8. 眼睛容易疲劳。 是 否
9. 有鼻塞现象。 是 否
10. 有头晕眼花的情形发生。 是 否
11. 站立时有头晕的情形。 是 否
12. 有耳鸣的现象。 是 否
13. 口腔内有破裂或溃烂情形发生。 是 否
14. 经常喉咙疼。 是 否
15. 舌头上出现白苔。 是 否
16. 面对自己喜欢吃的东西却毫无食欲。 是 否
17. 常觉得吃下的东西像沉积在胃里一样。 是 否
18. 有腹部发胀、疼痛感，而且常有痢疾或便秘症状。 是 否
19. 肩部很容易觉得坚硬酸痛。 是 否
20. 背部和腰部经常疼痛。 是 否
21. 疲劳感不易解除。 是 否
22. 有体重减轻的现象。 是 否
23. 稍微做一点事，马上就感到很疲劳。 是 否
24. 早上经常有起不来的倦怠感。 是 否
25. 不能集中精力专心做事。 是 否
26. 睡眠不好。 是 否
27. 睡觉时经常做梦。 是 否
28. 在深夜突然醒来时不易继续入睡。 是 否
29. 与人交际应酬变得提不起劲。 是 否
30. 稍有一点儿不顺心的事就会生气，而且时有不安的情形发生。 是 否

解析：这个诊断表列出 30 项不同的症状，这些症状中如你出现了 5

项，属于轻微紧张型，只需多加留意，注意调适休息便可以恢复；如有11项至20项，则属于严重紧张型，需要引起重视，可以选择去咨询；倘若在21项以上，很容易出现适应障碍问题，这就需要引起特别注意，建议立即去和心理专家面对面地交流。

通过上面的测验，相信你对自己的压力状况已经有所了解了。在本部分，我们就给大家介绍一些减轻压力的常用小方法。

减压系列一

1. 理清你当前面对的问题与压力。

当你承受压力时，你越是逼迫自己拼命干，你的压力就会越大，就会进一步降低效率。如果不努力工作，工作完不成也会增加压力。因此，第一步也是最困难的一步，就是放下工作，厘清问题。当压力很大时，你需要有一段喘息的时间。无论压力有多大，你都得拿出点时间来弄清情况。花这点时间是值得的，因为它能帮助你正确观察形势，做出下一步打算。如有可能，你就短时间休息一下，按照前述方法对你的压力进行一次评估。考虑一下你生活的四个方面：工作、娱乐、健康与人际关系（包括家庭和朋友）。这四个方面对你是同等重要吗？有没有哪个方面比其他方面更重要一些？

2. 头脑中要有一个目标，安排好你的时间表。做一张每日"待做"工作表。

（1）以每10件事中只有2件是真正值得做的方式来考核这张表。把精力专注在那些最重要、最需要优先处理的事项上。不要让一些琐事绊住了你，不管它们看起来有多好，都不要去理会。

（2）考虑一下，什么时刻是你一天中最具生产力的黄金时间，并把这时间保留给最重要的计划来用。别把这样的黄金时刻糟蹋在刷微博、看朋友圈以及整理宿舍上。

（3）把每天都得做的例行公事留待非黄金时刻、精力水准较低的时间进行。

（4）尽量试着每天都在相同的时段做相同的事，这样可达到保存精力的目的。我们可以养成习惯，每天都在同一特定时段打电话、计划饮食、读报纸、写东西或是开会。

（5）每天至少要预留出 1 个小时的弹性时间，用以应付突发状况或是紧急事件。

（6）要规划出一段能让自己放松，而不需处理任何事情的休闲空档。

（7）好好想想你在等待事物上所花的时间。如用在等公车、看病、陪孩子上音乐课，甚至长途开车以及搭车去上班等上面的时间。别把它们看成是丢掉了的时间，反而应把它们当成“找回来”的时间。你可以利用这种时间来做那些因没空而一直被耽搁下来的事。比方说，学习一种语言、读一本小说、发条短信给一位老朋友。

（8）你是不是发现自己有时候竟陷入做白日梦的光景？不必急着叫醒自己，干脆就完完全全沉浸在其中。好好地坐在一张椅子里，让自己呆坐上 15—20 分钟，不要看书、看手机，也不要翻报纸、织毛衣，或是看电视，只是呆坐着，无所事事，让自己恣意享受这段完全静止的时光。这样过一两刻钟之后，你就能蓄势待发，精力充沛地重新投入工作之中了。

（9）别把时间浪费在担心失败上。做错了事，也不要沉溺在后悔、自责之中。

（10）解决问题的四条原则：分析弄清问题，寻求多种解决办法，觉得有的办法很荒唐也不要轻易否定；不要把时间花在解决不了的问题上，转移注意力；一次只解决一个问题，能够办理的事情马上办；致力于改变自己，而不是改变别人。

3. 减轻内部负担——转变态度。

压力既来自外部，也来自内部。对许多人来说，压力取决于观察世界的方法，或者说态度。态度的形成大多受童年时代父母、长辈或老师的影响，个体自身的生活经历也会影响态度的形成。不同的态度会产生不同的影响。相信成功是以事业为衡量标准的人必然对失业的压力感受强烈，而相信女人就应该将主要精力奉献给孩子的妇女，必然对家庭与事业矛盾产生的压力感受深刻。不良的态度会带来压力、增加心理负担，而良好的态度能够减轻个体的压力。因此有必要对你的态度做一次检验，看看能不能换一种能减小压力的态度。

（1）一些容易引起压力的态度：我必须做完这件事；我不应该求人帮助；这件事最重要；我必须干好；别人应付压力的能力都比我强；我一点办法也没有；我快要累垮了；我不能让别人看出我的心情。

（2）一些较好的替代态度：我是个普通的人；我在允许的时间内尽量做；人人都需要他人的帮助，我也很乐意帮助他人；这件事再过 5 年就不算回事了；当我临死时，我不希望说“我把大部分时间都花在办公室了”；我只能尽力而为；每个人都会受到压力的影响，并不是只有我一个人；试试看，先从比较小的问题做起；我需要休息，那就休息一下吧；找人谈谈自己的心情，对我一点儿损失都没有。

只要改变看问题的角度，是不是就感到轻松多了。

4. 重视你的健康，打下一个好基础。

压力感是一个危险的信号，警告你已经快接近自己能力的极限了。压力不仅有害于你的身体健康，而且会降低你的工作效率，影响你的人际关系。危险在于，当你处于压力之下时，你往往会忽视身体健康和人际关系，这样就形成一个恶性循环，因为健康状况下降和人际关系恶化反过来又会增加你的压力。因此，重要的是不仅要把注意力直接放在压力上，还要关照你的健康状况和人际关系。

5. 学会寻求帮助，改善人际关系，加强心理沟通。

伸出你的手，我们是朋友，建立良好的人际关系和稳定的社会支持系统。知心朋友多，可以帮助我们更好地面对压力。一是任何情况下，不要封闭自己，尽量与家人、朋友保持联系；二是找亲友谈谈你的困难和心情；三是寻找你平时最信任、最喜欢的朋友，特别是异性朋友；四是即使你发脾气，对方也会理解；五是如果你希望自己单独待一会儿，就直接说出来；六是想象当别人有压力时，你怎样帮助他；七是调整心态，学习快乐，练习快乐，培养快乐。

减压系列二

这里有十种压力困境及其摆脱办法，相信会对我们有所帮助。

困境1：当感到有压力时，我的思想就无法集中，什么事也干不了，我该怎么办？

办法：试着在我们的手腕上套一个橡皮圈，当我们走神时，就狠狠地弹自己一下，同时，模仿拍电影的情景冲自己喊一声“停”（“卡”），这种非常具体的刺激能帮助我们中断思绪，回到手头的事情上来。然后，认真地做9次深呼吸，一下一下地数，数完后告诉自己，等处理完手头的事再想心事也不迟。信不信由你，等真正集中精力做完一件事时，我们的压力就已经减轻了许多。

困境2：我的同事（领导）是个非常难相处的人，他经常令我难堪，我该怎么办？

办法：当我们感到愤怒或不被尊重的时候，一定对什么事都难以提起精神。试着想象这样一种情景：我们被一个巨大而无法穿透的泡沫包围，就在我们快要窒息的时候，一个可爱的小矮人出现在泡沫外，手拿弹弓，一下子就将泡沫击得粉碎。这种想象能让我们在倍感压力的时候意识到，只要我们愿意，是可以从冲突中走出来，重新控制自己的一切，我们在生活中还有更多值得享受的人际关系。事后，我们可以再同这位同事（领导）谈谈，问他能否顾及交流的场合和方式，如果无效，又无法调换岗位，我们还可以这样来安慰自己：他一定是碰到太多不顺心的事，所以脾气才会如此古怪。我们也可以和其他同事交流一下自己的感受，发现别人的处境和我们相同时，也能好受很多。

困境3：我总是反复对同一类事情感到有压力，怎么才能终止这种情况呢？

办法：美国心理学家广泛使用的一种减压方式叫作眼动脱敏术，具体方法是：集中思想于我们感到有压力的事，直到我们认为自己的忧虑程度达到6度以上（完全无法忍受的情况为10度），然后保持头部竖直不动，飞快地在左右两个物体之间转动眼球25次。之后，再评估一下我们的压力程度，它至少下降了两度；再重复一次眼球运动，直到压力不再影响我们的正常工作为止。专家们讲，眼球运动能减压的原理到现在也没有弄清，但可以肯定的是，每做一次这样的运动，减压效果就会增强一倍。

困境4：一有压力，我就会感到头痛欲裂，该怎么办？

办法：压力会造成人的神经和肌肉紧张，神经紧张自然容易头疼。反过来让肌肉和神经放松则会减轻头疼。因此，每天坚持10—20分钟的头部和肩部按摩，使头颈部尽量放松可一定程度上减轻头疼。另外，在前额和太阳穴上涂清凉油也能缓解头痛。

困境5：当我感到压力时，会下意识地拼命咬指甲，怎样才能克服？

办法：最简单的方法是让手没有空闲时间。我们可以玩一块橡皮泥，或者干脆将身体坐在手上。也可以在指甲上涂一层杏仁油或香草油，强烈的苦味能帮助我们打消咬指甲的念头。如果这些都不管用，那就干脆咬住一个指头不放，看着其他没被咬的指头完好的样子，我们就会产生停止破坏的想法。

困境6：当我有压力的时候，会拼命吃东西，而这种行为只会让自己因后悔而倍感压力，我该怎么办？

办法：最好的方法是在午餐后打个盹，这能很好地给自己的身体充电，避免我们在感到又累又饿时想靠吃来缓解压力。如果做不到在午餐后小睡一会儿，那么请在想吃东西时先步行20分钟，速度要快于自己平常的行走速度，这一活动能有效提高人体内β—内啡肽的水平，这是一种能让人平静下来，并能控制人的饥饿感的化学物质。然后，将我们吃的东西改成低脂肪食品，坚持数日，一定会有实质性的收获。

困境7：一有压力，我总想迁怒于家人，怎样才能克服这种情绪呢？

办法：首先，我们应该找出自己总想冲家人发火的原因，是他（她）没有分担分内的家务活，让我们因疲劳而脾气差，还是他（她）无法了解我们的感受或压力，而令我们觉得孤独无助？试着向对方坦承我们的感受，要知道，实质性的交流要比无原由地发脾气更能解决问题。如果发火的原因不属于这两种情况，那就索性告诉对方，给我5分钟时间，让我说个痛快，我发脾气与你无关，你只要能耐心倾听，就是帮我大忙了。这样，我们既发泄痛快了，也不会因此伤害家庭关系。几次这种单方面的发泄之后，相信我们自己也会因无趣而放弃。

困境8：一天下来，我总是感到疲惫不堪，什么是缓解这种疲劳的最好方式？

办法：首先，要避免采取那些有副作用的消遣方式，例如看一晚上电视直到犯困为止，或者借酒解乏，这两种方式都只会令我们第二天更加疲劳。试着听听音乐，澳大利亚的一项研究显示，轻音乐能有效减轻压力感、减缓心率和降低血压。其次，编织、缝纫或者拼拼图都是很好的休息方式。“全身心地投入一种安静而不带竞争性的活动，能让我们通过转移注意力而松弛下来。”

困境9：每天入睡前，我总是耳鸣得厉害，头也嗡嗡作响，怎样才能克服这种障碍而安然入睡呢？

办法：在脑袋里幻想世外桃源的景象。蓝色的大海、金色的海滩，我们赤脚走在沙滩上，热带丛林斑驳的树影踩在脚底下，习习的海风在耳边低语；迎面吹来的空气是咸湿的，照在皮肤上的阳光是温暖的……将声音、画面、色彩都固定下来。每当耳边恼人的声音响起时，就请想象这样美妙的场景。坚持几次，我们的情况就会改善很多。

困境10：什么时候我才应该去寻求心理咨询师的帮助？（指面对压力的情况下）

办法：当压力感在一定程度上改变了自己的生活方式，例如变得不爱交际，或更冲动，或十分挑剔，或者胃口、体重、睡眠都发生了巨大变化，就得考虑找专家咨询了，不要认为接受心理咨询是件大事。事实上，60%—70%的压力人群在接受三个疗程的心理咨询后就能完全走出压力状态。这是因为心理咨询的任务往往非常简单明确：给自己提供一定的时间、空间和具体的措施来减轻压力。在特定环境下，我们的压力感减轻了，这种良好的感觉很快就能延续到生活中的其他时间和场合。

减压系列三

我们不主张压抑、焦躁，不主张折磨自己，不主张精神失常，要理智、有条不紊地面对“压力大敌”。只要适时地打出自己的对策牌，我们会发现逐个攻克突如其来的压力将变得易如反掌。

第 1 张 购物

为什么逛街购物会把烦恼伤心的事情都抛诸脑后？可能是因为购物时眼花缭乱的商品不断地把我们的注意力吸引到商品上面，可能是恰好买到了很中意的东西，弥补了内心莫名的缺憾，也可能是辛苦工作之后所得的收入都被自己一次性消耗掉而产生了快感。

建议：大商场、小地摊都可以淘衣服、小饰品，甚至有国际品牌，逛到腿软时还可以吃点美食。

小心：打这张牌的时候，要了解一下实际支付能力，大多数疯狂采购都是在冲动的时候做出的，应综合考虑一下购物的连锁效应，付款之前还是谨慎些吧。

不要觉得购物只是女士的专利，对男同志而言，同样可以减缓压力。只是对女士而言，还有一个问题需要注意：尽管需要打扮光鲜，也不要穿着高跟鞋去逛街，走久了，疲累会使心情大打折扣。

第 2 张 睡眠

据科学家分析，人的睡眠如果在 6 个小时左右，就足够脑细胞活跃了。当然，这 6 个小时应是在晚上 10 点到早晨 6 点之间，深睡眠的黄金段是夜里 12 点到凌晨 3 点。而这个时间段对许多年轻人来说，不是在加班就是在应酬或者在玩手机。想想每天能睡几个小时？6 个、5 个或者 4 个半？忙碌的人永远停不下来，也许那是一贯的节奏，也许已经“习惯了”。

建议：睡觉是养生的头等大事，尽量在晚上 11 点之前躺到床上，同时要记得选择优质的枕芯和贴身被褥，以保证身体能够彻底放松。

另外，人的平均睡眠 6 个小时就足够了，所以也别睡过了头。

第 3 张 户外活动

这些年玩户外活动的人越来越多了。户外这个巨大的概念，包括徒步、骑行、羽毛球、篮球、游泳、潜水、健身操、瑜伽、骑马、高尔夫等。我们只要选出一两种并且长期坚持下来，就会在需要发泄的时候知道自己最想做什么。玩户外不仅能使心情更加开朗、视野更加开阔，而且能调动身体里的懒散细胞，补充肌肉缺少的氧，加速新陈代谢，让我们不断焕发出生命的光彩。

小心：最风尚也最健康的一张牌，也有一定的安全隐患。户外活动风靡的同时，运动伤害也屡见不鲜。无论选择哪种户外活动方式，重要的是要符合自己的体质，对身体有帮助。要学会防范运动伤害的技巧和户外急救措施。

第 4 张 听音乐

有没有音乐细胞不重要，只要是一个有感情的人，就会被音乐感染。音乐是有记忆的，曾经开心或者悲伤时听的曲子，在以后任何时候听，都会不由自主地把我们带回到原来的记忆中。

建议：选择那些平时喜欢的、能反复听的、越听越有味道的专辑，更容易让我们投入其中。

小心：这是最动感情的一张牌，所以不要在伤心的时候听曾经让自己伤心的歌。我们要做的是解决压力，而不是“火上浇油”。

减压系列四

1. 泡个热水浴

在热水中浸泡 20 分钟，不仅能使我们的肌肉得到放松，减轻压力，同时洗澡水的热量也会通过扩张血管来降低我们的血压。

2. 放一些冰块在头上

这是一种最快捷的消除头痛和减轻压力的方法。用一块毛巾包上一些冰块，放在前额或者颈部下方，感受冰凉就可以了。

3. 在头脑中设想我们内心的平静之路

想象世界上我们最喜欢的地方，然后闭上眼睛，设想自己就在那里，放松并保持快乐的心情。一天这样做两次，每次 10 分钟（在公交上、地板上、工作的时候都可以），就可以使自己冷静下来，消除压力。

4. 寻找创意

太没有压力和压力过大一样，都是问题。缺乏刺激是一种抑郁药，它有可能使人感觉孤独。为了避免出现这种情况，我们需要投入到一些新鲜的事物中去，使自己能沉浸其中。

5. 做个按摩

按摩被证明是一种很棒的压力减轻剂，尤其是当我们身上背负着过多责任的时候。它能减缓压力和焦虑情绪，同时使我们放松和减慢心跳速度。

6. 度假

研究发现，那些没有度过假的人更容易患与压力相关的疾病，更容易垮下来。

7. 不要对现代技术上瘾

电子邮件、手机、电话、微信、微博……与时代保持同步很好，但是太痴迷就不好了。

8. 多一些社交

当自己心情不好的时候，和一个支持自己的朋友说笑一下，放下一些压力，这样能够帮助我们忘却烦恼。

9. 口遂心愿

最快的解决压力的方法就是说“这很好”，当事实并不好时也要给自己积极的暗示。学会勇敢站起来，直面问题并告诉自己“这很好”，这样我们就不会被困难压倒。

10. 拥抱某人（或者某物）

拥抱、抚摸某人或某物（比如你的芭比娃娃或者可爱的宠物狗）是一种减轻压力和激发自我美好感觉的快捷途径。

11. 不要重提过去

回想那些令我们压力很大的事情并不能使我们感觉好起来，反而会使我们觉得更加紧张并再次处于压力之下。不要再次将压力事件唤醒，可以把它写下来，撕成碎片然后扔掉。

12. 现实点

生活里不可能没有压力，只是我们应该更好地控制和搞定自己的压力。

【心理训练】

- 自我放松法

颈部伸展　缓慢扭头，顺时针转半圈，然后扭回，再逆时针转半圈。闭上眼睛，感受这种伸展。顺时针和逆时针方向各重复10次。

肩部重量锻炼　把肩膀耸起（收缩），尽可能抬高，然后放下（放松）。向上时吸气，放下时呼气。重复7次。

背下半部伸展　轻轻向前弯腰，把胸口贴向大腿，通过这个动作来伸展背下半部。

身躯伸展和放松　踮起脚，用脚趾站立，越高越好。拉伸每一块肌肉，然后身体向前完全放松，让膝盖弯曲，身躯、头和手臂自由向下悬垂。拉伸时吸气，放松时呼气。重复2—3次。

身躯摇摆　保持“放松”姿势。向两脚转移体重，使身躯两侧摇摆。保持全身（特别是脖子）松弛。重复3次。

腿伸展　坐在椅子上，向前伸腿，弯腰把手伸向脚。弯曲足部，使脚趾向上，这样可以增强这个锻炼的有效性。

手和前臂　握紧右拳，绷紧右手，保持住，从1开始数数，当数到6或10时放松。重复，然后做左手，然后双手一起做。

二头肌和三头肌　手臂平伸，与地面平行。拳头朝向自己用力收缩，然后用力伸展，缓慢重复5次，放松。

减压系列五

1. 放声大笑

手里拿些能让人发笑的材料，例如笑话书，也可以回忆看过的喜剧电影……当我们发自内心地大笑时，体内引起压力的激素可的松和肾上腺素会开始下降，这将使我们的免疫力增强。这种效果能持续24个小时。有趣的是，当我们预感即将大笑时，这种效果就已经开始有了。

2. 多想点美好的事情

抽一点时间，哪怕只有5分钟，集中精力想想对自己来说可亲的人或可喜的事，也可以构思一幅“安静休假”的画面，或者想一些积极自我评价的词或句子。多想好事可以阻止体内造成压力的种种变化。人经常感到有精神负担是因为无法摆脱不良情绪，如不满、委屈、担心、生气等，如果多想想让自己喜欢的人和让自己高兴的事，效果就完全不同了。

3. 走路散步

站起来，就算走几分钟也好。专家证实，散步有助于平静内心。有项研究请一批志愿者负责照顾老人，这是一项非常紧张的工作。研究发现，志愿者中每周能坚持散步4次的，很少烦恼不安，睡眠也好很多，血压保持正常。如果每天抽不出半小时散步也没关系，当我们感到紧张时，走上5—10分钟，同样会有明显效果。我们一开始感到紧张时就走上几分钟，镇静作用最大。

4. 放慢呼吸

放慢呼吸5分钟，每分钟用腹部做深呼吸约6次，也就是说，用5秒吸气再用5秒呼气，通常人在压力大时呼吸既快又浅，做几次深呼吸就能挺起肩膀和放松肌肉。“5秒吸—5秒呼”的呼吸节奏跟血压波动的10秒自然循环相一致。这种同步不仅能使人迅速平静下来，还有利于心血管系统的健康。如果连这点时间也挤不出来，专家还建议在手表或座钟上画个白点。当目光落到白点上时做2—3次深呼吸，这样人立刻就平静下来了。

5. 轻松起床

晚上躺下入睡前或早晨醒来起床前，在床上用5分钟放松全身：先绷紧脚趾，后渐渐放松；接下来脚掌、小腿、大腿、臀部，直到上身和脸部肌肉。如果早晨起床就紧张，那么接下来的一整天都别想轻松了。因此，在每天的开始和结束时花上5分钟放松心情，可能一切都会不同。

【心理训练】

如何快乐生活

想象生活是一场玩5颗球的游戏：工作、家庭、健康、朋友和精神。工作像颗橡胶球，如果球掉了，它会弹回来。但其他4颗球是玻璃做的，如果摔碎了其中的1颗，就再也无法完好如初了。

有些人在事业有成后，发现自己失去了很多其他的东西。也许，有一天你会后悔没有早一点认识到这些。如果你错过孩子的一次家长会、一场表演或运动会，一年后你会忘记那件令你错过它的应酬，但孩子却不会忘记你没有到场。

先来听一个小故事吧。

吴×是一位副教授，一周前，她在一次讲课中犯了一个错误，给听课专家留下了比较差的印象。而在一周后晋升教授的专家评审中，她被否决了，这已是她第二次被否决了。

发生这一切之后，吴老师正常工作、上下班，星期日一整天待在家里做菜，为18岁的女儿准备生日聚会。你可能会惊讶，她怎么在工作遇到挫折时仍然这么平静地为孩子下厨。她说："做任何事的时间都不够多，你必须为对你重要的事拨出时间。要能够从家庭中的小事情、从每一个片刻中获得力量。"

事实证明，吴×老师是一个能出色平衡工作与家庭的女性。一年后，她用新的业绩重新赢得专家的认可。

让生活快乐舒适的小疗法：

1. 将工作留在办公室

一天的工作结束后，哪怕结果特别糟糕，下班后也应该放下工作，让身心得到放松。至少应该有个清静的夜晚，好好休息一下。第二天太阳仍然会从东方升起。

2. 换条路线回家，沿途的风景可能会更美好

如果有可能的话，到门口买点水果、买个冰激凌。一回到家，就换上拖鞋和舒适的家居服。

和家人聊聊天，尤其在晚餐前，和每个家人至少聊上5分钟。

—— 第五部分 ——

结　语

把握技术人员心理　提高心理服务工作实效性*

把握技术人员心理，是促进技术人员身心健康和全面发展的重要保证，是提高技术单位凝聚力、战斗力的重要环节，也是抓好心理服务工作的重要切入点和着力点。做好心理服务工作不仅需要深入研究技术人员思想活动的新情况和新变化，而且需要深入研究技术人员心理活动的内在规律和特点。

一、摸准心理特点，增强心理服务工作科学性

随着经济社会的快速发展和社会转型时期各种矛盾的凸显，技术人员的心理越发走向多元化、复杂化，个性也越来越张扬，特别是独生子女、单亲家庭的比例增大，一些技术人员心理适应和承受能力较弱的问题进一步凸显。如何认清技术人员存在的心理问题，把握技术人员心理特点，是新时期技术单位建设的一项新课题。搞好心理服务工作，必须改变过去那种凭感性经验支配的经验型工作方法，向符合技术人员心理活动发展规律

* 该内容为作者的一篇研究文章，原载于《某部心理学研究中心简报》，2003 年第 2 期第 32—39 页，原文参考文献已略去。

的科学型方法转变。在实际工作中，要以心理学的知识和理论，去了解和把握技术人员的心理特点；以心理学的视角去关心关注技术人员，发现技术人员中存在的问题隐患；以心理学的方法来处理技术人员中的矛盾、疾患。

二、关注心理差异，提高心理服务工作针对性

心理服务工作者要了解技术人员的心理差异，针对其心理差异特别是个性差异来开展工作，才能做到“因人而异”“因材施教”，“具体问题，具体分析”。要避免心理服务工作的简单化与“一刀切”的现象，工作有针对性才能使技术人员产生良好的心理反应。

（一）关注技术人员动机，强固心理服务工作出发点

心理学认为，动机是指引起和维持个体的活动，并使活动朝向某一目标的内部心理过程或内部动力。人的各种活动是在动机的指引下，向着某一目标进行的。动机有激活功能、指向功能、维持和调整功能。

深入了解和分析技术人员活动的各种动机，按照正面引导的方针，采取不同方式，帮助技术人员建立良好的动机，可使心理服务活动收到更好的效果。当前90后、00后已成为我国青年技术人员的主体，他们往往具有较高的成就动机。他们对工作的胜任感和成功有着强烈的要求，热衷于接受挑战，敢于冒风险又能以现实的态度对待风险，不会以迷信和侥幸心理对待未来，愿意承担责任并希望得到明确而又迅速的反馈。在工作中，对青年技术人员要多压有挑战性的任务，同时多给予积极的肯定与表扬。在肯定或者表扬时，需特别注意所做的肯定和表扬要切合实际，不能只是一种正性的鼓励，因为对于成就动机较强的青年技术人员来说，不切实际的表扬只会让他们觉得领导对其不够重视，没有真正关注他们，有时这种表扬不仅起不到积极的作用，还有可能出现负作用。这就要求我们细心观察，真正发现他们在工作中取得的成绩和进步。

（二）关注技术人员需要，用好心理服务工作倍增器

心理学认为，需要是人们行为和心理活动的内部动力，是人们行为积极性的源泉。在工作中，我们要关注广大技术人员的各种心理需要，特别是特殊人群的特殊心理需要和特殊时期技术人员的心理需要。做好这两项工作，可使心理服务工作起到事半功倍的效果。

1. 关注重点人群。俗话说："人心不同，各如其面"，每个人的个性特征是不一样的。在现实生活中，人们经常会发现每个单位都会有一小部分比较特殊的人员，他们虽然比例很小，问题也各不相同，但却是各级领导的重点关注对象。工作中，我们经常是对 80% 的同志花费 20% 的精力，而对 20% 或者更少的特殊人群可能要付出 80% 甚至更多的时间和精力。人们经常说，好同志的表现基本是一样的，但有问题的同志其问题的表现却是各不相同的。工作中，一是要关注有性格缺陷的技术人员，如孤僻、偏激、自卑的等。这些技术人员在平时的工作和生活中的有些行为表现是可以观察到的。如家庭极度贫困或生长于单亲家庭的技术人员，有时会存在一定的性格缺陷。他们多因为家庭或者自身心理、生理的原因，内心十分脆弱，在遇到现实挫折时往往不能很好地处理。有些技术人员思想偏激，在群体中不受欢迎，得不到多数人的认可，容易被孤立，在工作中要对他们多加关心，以情感化。二是关注环境适应不良的技术人员。有些刚参加工作的年轻技术人员，会存在从学校环境到工作环境转变的适应问题。要及时帮助其建立广泛有效的社会支持系统，这个社会支持系统包括领导、同事、朋友和亲人等，使他们在工作中遇到难以解决的问题时，能有人及时给予情感或实际工作的帮助和支持。有时领导的一个眼神、一句关怀鼓励的话，或者同事的一条建议等，都有助于当事人排解孤军奋战的苦闷。研究表明，社会的支持和关心能够有效地减轻人们的心理压力，减少心理问题的产生。

2. 关注重点时期。需要明确的是，每个人都有可能产生心理问题，特别是在特殊时期或面对过大压力时，技术人员经常会出现这样那样的问题。对于一些普遍性的心理问题，必须要给予及时正确的疏导。要重点关

注心理问题产生高发期，比如评功评奖、职务晋升等特殊时期。在特殊时期，需要加强心理疏导与教育，使当事人有恰当的自我意识，使其敢于直面工作中的各种压力，坚信自我，扬长避短，努力克服各种困难。要设法使其保持良好的心态，恰当调整抱负水平，使技术人员从自我心理阴影中摆脱出来，正确认识自己及周围的环境，正视自己的喜怒哀乐，不为难自己，不过分苛求外部环境，在理想和现实之间找到最佳的结合点。同时，要帮助他们学会释放压力，劳逸结合，使心理需要在更高层次上得到满足，从而更好地工作和生活。

三、把握心理规律，提高心理服务工作实效性

（一）把握技术人员情感，提高心理服务工作有效性

成功的社会引导总是与有效的情感激发相联系，它表现为从情感的角度唤醒技术人员，并运用情感的力量感染技术人员。社会心理学的研究表明，富有情感的沟通最容易产生影响。但技术人员的情绪和情感并不直接决定于客观对象，而是决定于技术人员对环境、事件的解释或评估。对同一种对象的解释或评估不同，所产生的情绪和情感也就不一样了。

要充分了解技术人员的情绪情感，并使技术人员能够在情感上接纳你，在这个基础上做工作会更加有效。中国台湾著名管理学家曾仕强在讲到中国式管理时曾提到，对中国人而言，不要开门见山地讲道理，那是西方式的做法，我们的做法应该是由情入理，首先让对方从感情上接纳你，然后再讲道理，这样对方会更容易接受。

（二）提高自身素质，促进心理服务工作亲和力

德高才能望重，品优方可正人。做好心理服务工作，关键是要获得工作对象的信任。只有人格高尚、品行端正的人，才能使技术人员心悦诚服，打开心扉。要诚信做人。守信是人格的标签。各级心理工作者，要以诚信为本，说话心口合一，为人表里如一，不欺上瞒下。特别是要尊重技术人员的隐私，对心理测试的结果和技术人员倾诉的心理问题严格保密，

不随意扩散。要宽容待人。宽容是人格的容器，是一种高尚的品德。各级心理工作者一定要有宽广的眼界和宽阔的胸怀，能容得下不同的认识和意见，容得下不同的性格和脾气，这样才能赢得理解和认可，获得信任与支持。要以行励人。一个缺乏事业心和责任感的人，一个对本职工作不热爱、不精通的人，是很难赢得大家的尊重和信任的。用力工作，只能及格；用心工作，才是优秀。

（三）搞活组织氛围，营造心理服务工作大环境

良好的组织氛围对于一个单位的重要性是不言而喻的，没有任何事物能够代替组织内良好的人际关系，以及这种关系所带来的高昂的士气和干劲。在日常工作中，要始终坚持、全力以赴地塑造这种良好关系，要使所有人形成一股团结的力量。一是要经常组织各种活动，给广大技术人员创造尽可能多的交流机会，活跃大家的生活，培养团队协作的精神。二是要扩大覆盖面，尽可能使全员参与。特别关注那些边缘人，使他们有与人交流沟通的机会。三是要全程教育，通过贯穿一年始终、年年持续不断的灵活多样的教育形式，营造技术人员之间和谐舒心的人际关系氛围。

参考书目

［1］张春兴：《现代心理学》，上海人民出版社，1994 年版。

［2］林崇德、杨治良、黄希庭：《心理学大辞典》，上海世纪出版集团，上海教育出版社，2003 年版。

［3］李虹：《压力应对与大学生心理健康》，北京师范大学出版社，2004 年版。

［4］黄希庭：《心理学导论（第 2 版）》，人民教育出版社，2007 年版。

［5］李永鑫：《工作倦怠的心理学研究》，中国社会科学出版社，2008 年版。

［6］张应二、史广生、冯宪玲：《军人心理训练理论与实践》，军事谊文出版社，2009 年版。

［7］叶波、刘寒凌：《军人心理训练的理论与实践》，国防大学出版社，2010 年版。

［8］曹二刚、朱红燕：《部队心理教育的组织与实施》，国防大学出版社，2010 版。

［9］彭聃龄：《普通心理学（第 4 版）》，北京师范大学出版社，2012 年版。

［10］叶奕乾、何存道、梁宁建：《普通心理学（第五版）》，华东师范大学出版社，2016 年版。

［11］张建卫：《心理健康教育案例研究与理论探索》，北京理工大学出版社，2016 年版。

［12］郑希付、刘学兰：《社区心理咨询与研究》，暨南大学出版社，2016 年版。

［13］吴康妮：《大学生心理健康与发展研究》，世界图书出版公司，2017 年版。

［14］［美］理查德·沙夫（Richard S）著，董建中译：《心理治疗与咨询的理论与案例》，中国轻工业出版社，2000 年版。

［15］［美］杰拉德·科里（Gerald C）著，石林译：《心理咨询与治疗》，中国轻工业出版社，2000 年版。

［16］［美］克里斯多夫·克罗宁（Christopher C）著，王京生译：《军事心理学导论（第 2 版）》，中国轻工业出版社，2006 年版。

［17］［美］凯利·肯尼迪（Carrie H K）、埃里克·左莫尔（Eric A Z）著，贺岭峰译：《军事心理学临床与作战中的应用》，华东师范大学出版社，2008 年版。

［18］［美］约翰·布莱伊尔（John B）著，徐凯文译：《心理创伤的治疗》，中国轻工业出版社，2009 年版。

［19］［美］珍妮丝·劳伦斯（Janice H L）、迈克·马修（Michael D M）著，杨征译：《牛津军事心理学》，科学出版社，2014 年版。

［20］［美］史蒂夫·沙泽尔（Steve d S）、伊冯·多兰（Yvonne D）著，雷秀雅译：《超越奇迹 焦点解决短期治疗》，重庆大学出版社，2015 年版。

——后　记——

在新的历史条件下，我国技术人员所处的社会环境、社会构成、肩负的使命任务发生了深刻的变化，迫切需要加强心理服务工作，特别是技术单位的工作任务具有特殊性，给技术人员带来特殊的压力，更加需要重视和加强技术人员的心理健康问题。

《技术人员心理服务手册》作为一部心理知识普及性的读物，重点介绍了心理学基础知识和心理咨询常识，同时根据笔者多次深入技术单位调研的经验，特别是结合技术单位技术人员的心理特点，通过典型案例分析了技术人员常见的心理问题，提出心理调适的建议，并就如何提高技术人员职业心理素质给出相应的心理训练方法，希冀能为从事技术研究的单位的发展尽微薄之力。

在本书的编写过程中，笔者参阅了大量相关资料，吸收、借鉴和引用了一些专家、学者的研究成果，在此，谨致以诚挚的谢意！

本书的出版得到许多亲人朋友的大力帮助，对他们的鼓励、支持和辛勤劳动表示衷心的感谢！由于时间仓促、水平有限，书中难免出现纰漏和错误之处，敬请各位读者批评指正！

笔者

2020 年 5 月